水と〈まち〉の物語

港町のかたち

その形成と変容

岡本哲志

法政大学出版局

刊行の言葉

陣内 秀信

「環境の時代」と言われ、持続可能な都市づくり、地域づくりの重要性が叫ばれる現在、それを実現するための理念と方法を探究することが問われています。

その課題に応えるべく、法政大学大学院エコ地域デザイン研究所が二〇〇四年に設立されました。経済を最優先する急速で大規模な開発とグローバリゼーションの進行で、環境のバランスと文化的アイデンティティを失った日本の都市や地域を根底から見直し、持続可能な方向で個性豊かに蘇らせることを目指しています。

特に注目するのは、かつて豊かな生活環境を生み、独自の文化を育む重要な役割を担ったにもかかわらず、手荒な開発で二十世紀の「負の遺産」におとしめられてきた「水辺空間」です。変化に富む自然をもち水に恵まれた日本には、川、用水路、掘割と運河、そして海辺など、歴史の中で創られた美しい水の風景が随所に見出せます。ところが戦後の高度成長以後、その価値がすっかり忘れられ、開発の犠牲になりました。私達はこうした水辺空間の復権・再生への思いを共有し、そのための理念と方法を探る研究に学際的に取り組んでいます。従来、別個に扱われることの多かった〈歴史〉と〈エコロジー〉を結びつける発想に立ち、日本の風土に似つかわしい地域コミュニティと水環境の親しい関係を再構築する道を探っています。

本シリーズは、この法政大学大学院エコ地域デザイン研究所によって生み出される一連の研究成果を刊行するために企画されました。世界各地の、そして東京をはじめ日本の様々な地域の魅力ある水の〈まち〉が続々と登場いたします。〈水〉をキーワードに、それぞれの場所のもつ価値と可能性を再発見し、地域の再生に導くためのビジョンを具体的に示していきたいと考えています。都市や地域の歴史、文化、生活に関心をもつ方々、二十一世紀の「環境の時代」にふさわしい都市・地域づくりに取り組む方々など、広く皆様にお読みいただけることを願っています。

目次

はじめに

かつて東京が「水の都」だったと一般の人たちに理解されるまで、戦後長い時間を要した。現代に生きる多くの世代は、河川、運河、用水の汚染、その後の埋め立てにより、東京が「水の都」であるという実体験を持っておらず、「陸の都」の東京が意識の大勢を占めてきた。東京に生まれ育った私も、やはり陸の時代に片足を踏み入れて過ごしてきた。ただ近ごろは「水の都」としての東京がある程度市民権を得るようになり、船を利用した舟運ネットワークの話をしても、好意的な視線を受けることが多い。何かの幻想から多くの人たちの意識が解きはなたれたのだろうか。

船を仕立て隅田川、日本橋川、神田川をはじめて巡ってから四半世紀がすでに経つ。現在船から眺めると、親水護岸となった隅田川の岸辺には多くの人たちの姿を見かける。ツアーガイドが乗り込み、多くの人たちが水辺の風景を楽しむ船とすれちがう光景も珍しくなくなった。時代が少しずつ、日本の水辺都市を、意識する方向に向いつつあると感じる。それでも、諸外国のように、船から身近な河岸に上陸し、水陸両方の楽しさを一どきに味わうことはなかなか難しい。観光や遊びを目的とする一般の船では、防災船着場などに上陸できない現実がある。気運があるにしても、水の都・東京を気軽に楽しむにはまだ時間が必要のようだ。

一九九七年夏、日本の港町の研究を本格的に始動する機会が得られた。東京の水辺だけではなく、各地の港町を巡るようになった。最初に訪れた場所は利根川河岸に栄えた商都であり、港町である佐原だ。水郷・潮来から船を仕立てて、利根川を下り銚子で折り返し、小野川を溯り、「ダシ」と呼ばれる階段状の物揚げ場から歴史的町並みが残る佐原の中心部に上陸する予定だった。予定と書いたのは、利根川を航行中にエンジンが壊れ、計画があえなく頓挫してしまったからである。この計画が成功していれば、佐原の人たち、観光で訪れている人たちの注目を集めたに違いない。

当時は、調査のために小野川沿いに長い間立ち続けていても、一人の老人が小型ボートを操って川上に行く姿を一度見かけたにすぎなかった。その小野川では、観光で訪れた人たちを乗せた観光船が現在行き交う。十二年で川面の風景が大きく変わった。それは何も、佐原だけのことではない。以前訪れて船影すら見かけなかった松江、伏見、栃木でも、観光船が川面に浮かぶ姿と出合えた。この間の変化には驚かされる。陸からだけで水辺の景観が考えられていた時代から、本来あったはずの水からの発想が生まれる可能性を感じる。

全国で観光の船を浮かべる具体的な動きが表面化する以前から、港町をダイナミックに船で巡る体験をしたいと、熱い思いを温めていた。それが一九九九年夏、瀬戸内海でかなった。鞆での一泊をはさみ、船から港町にアプローチし、上陸後は存分に調査した。港町は、表玄関である海からアプローチしてこそ、本当の素顔をのぞかせる。港町本来の姿を肌で感じた実体験は、港町の持つ真の素晴らしさを教えてくれた。港町を調べ考える時、この体験は常に思いのなかにあり続けている。その後も、港町を調査する機会に恵まれ、すでに六十近くの港町を訪れた。これから、訪れた港町を縦横に関係づけ、「港町のかたち」を探る、時空を超えた旅に出ることにしよう。

I

舟運ネットワークと近世港町

序論として

1　河村瑞賢のサクセスストーリーとその時代

一　海と生きる環境

生まれ故郷

河村瑞賢《かわむらずいけん》（一六一七〜九九年）は、一六七〇年代前半に日本沿岸の東廻りと西廻りの舟運航路を開発し、江戸にくまなく廻船できる舟運ネットワークを実現させる。彼の功績により、大坂のさらなる経済発展を促す以上に、江戸が大坂経済だけに頼ることのない百万都市に飛躍する経済基盤をつくるきっかけとなった。江戸は、実質的な意味で京・大坂の政治・経済の中心と拮抗し、もう一つの極を確立することができた。それは、鎌倉幕府がなしえなかった画期といえよう。

瑞賢が生きた時代は、大坂冬の陣・夏の陣（一六一四・一五年）が終焉し、徳川政権の長期的な安定政治がはじまる、江戸の一大建設ラッシュとなった寛永期から、明暦の大火（一六五七年）を経験した後、町人文化が花開く元禄期にかけてである。瑞賢の生涯は、江戸の都市が成長・発展し、成熟する過程と重なる。しかも瑞賢と江戸について考えていく上で、バックボーンとしての港町の存在は抜きに語れない。

河村瑞賢は、伊勢国度会《わたらい》郡東宮《とうぐう》村（現在の三重県度会郡南伊勢町）の貧農の家に生まれたとされる。彼の生まれ故郷には良港の吉浦港があり、幼少のころから船との深い結びつきがあった可能性が高い。港町は、船をつくる高度な技術が集積する文明都市であるばかりではなく、他国の多くの知見を身近に感じられる文化都市でもあった。瑞賢はこのような環境に触れ、育った。

江戸へ旅立つ

十三歳の時、河村瑞賢は江戸に旅立つ。江戸が天下一の城下町として、華麗な都市景観を描きはじめようとしていた時である。その後の彼の人生は、幾多の火事による破壊と再生を繰り返す江戸にあって、資産を貯え成長する。そして、江戸時代初期の豪商に登りつめ、晩年江戸幕府の旗本に取り立てられるサクセスストーリーを繰り広げた。

無縁の地で若者が裸一貫から成功を収めるサクセスストーリーは、確かに貧しい方が意味を持つ。だがそのような物語は、単純に受け入れがたい。すなわち、生まれ故郷の港町での体験が、単に江戸に出た若者のサクセスストーリーではない特異な時代性を潜ませていたという、もっと確かな原理が頭をよぎるからだ。高度な技術や文化が流入し、集積する先進都市、港町での経験は、瑞賢にとって、その後のサクセスストーリーの道筋を決定づけるものだった。一方、天下統一を象徴する都市として江戸が輝くには、人の流れ、物の流れだけではなく、文化を大規模に江戸に流出入する動きが必要であった。まさに、舟運がその鍵を握り、港町が浮かび上がる。その時、瑞賢と江戸がしっかりと結びつく。

瑞賢が江戸に向う寛永七（一六三〇）年、江戸では総郭の大土木事業が一段落しつつあった。武家地でも町人地でも華麗な建築が建ち並ぶ状況を目にすることができた。彼は、幕府の土木工事の人夫頭を経験する。どうして幕府と結びついたのか。幕府の事業に出入りできたことは、何も偶然ではない。彼の港町に育った体験が充分に反映され、幕府の思惑と一致した結果であった。

港町は塩の混じった雨風にさらされる苛酷な自然環境に立地する。このような場所こそが港をつくる上で最も適している。逆に、港町に都市空間を築く難しさがあり、高度な造船技術が空間づくりに応用されていく。港町と接する場所に育った瑞賢も身をもって荒海に耐え得る土木技術を体験していたはずである。土木工事に採用された経緯には、彼の内に潜む港町の体験と才能を幕府が見込んだものだ。

瑞賢は、人を使う経験を経て、少しずつ資産を増やしていき、それを元手に材木業を営む。都市発展の最前線に身を投じ、社会の流れに同調する職業につく。そのようなサクセスストーリーを描けたのは、舟運を通しての広い視野があったからに他ならない。港町を知る若き眼が次第に江戸の時代性と社会に意味を持ちはじめる。

二　港町のポテンシャルを武器に

東廻り・西廻り航路を開く

四十歳を迎えて間もないころ、河村瑞賢の人生に大きな転機が訪れた。明暦三（一六五七）年に、江戸市中をほぼ焼きつくした明暦の大火（振袖火事）が起きる。その時、瑞賢は木曽福島の材木を買い占め、数多くの土木・建築を請け負い、莫大な利益を得たとされる。戦前の財閥組織のような総合力をいかんなく発揮した。

その行動からは、伊勢をテリトリーとする彼の世界観が充分に活かされていると感じ取れる。すなわち、古代から紀伊半島や伊勢湾を結ぶ舟運と深くかかわりを持つ港町で、彼の生まれ育った体験が大きく開花する。瑞賢は、物流の構造を知識だけではなく、経験的に身につけていたが、その強味がいかんなく示された。

河村瑞賢が描いてみせたサクセスストーリーは、単に商人として終わらなかった背景を浮かび上がらせる。様々な知惑《ちわく》を備えた才覚は、間もなく全国に知られるようになる。その第一の事業は、寛文十（一六七〇）年陸奥国信夫郡の幕領米を江戸に回漕することであった。その役を幕府から命じられ、見事に成功させる。人生五十年といわれた時代、河村瑞賢は五十三歳であった。幕府米を江戸に送る事業は、既存の航路を単に廻船したのではない。航路開発が主な任務であり、これにより東廻り航路が開かれた。

十七世紀前半、海の廻船は莫大な利益を得ると同時に大きな危険を伴った。特に、安全な航路が定まっていなかった東北の太平洋と日本海の沿岸は、危険な場所であった。東廻りを開いてから二年後には、出羽幕領米を江戸に廻米するための西廻り航路を改善する。港町と舟運のあり方に長《た》けた者でなければ成し得ない偉業である。明暦の大火の時に木曽の山林を買い占めた時から、瑞賢は船での航海を重ねていたはずであり、それぞれの港町の機能や構成を熟知していたと考えられる。

知恵の宝庫

瑞賢は、東廻り・西廻りの航路を開く時、何より航海の安全性を重視したという。まず堅牢な船を手に入れ、熟練水夫を選びだした。現在では当たりまえのように映る行動だが、当時は欠陥の船や未熟な水夫による航海がままあったようで、遠距離の航海を難しくしていた。一つ一つの知を積み重ねる重要さを知る。

次に瑞賢が打った手は、途中の寄港地を明確に定めたことだ。水や食料、痛んだ船の修繕を確実に提供できる場の有無は航海の安全性につながる。加えて、開港の水先案内船の設置なども行っている。港町は古来から海賊の基地でもあった。良港でありながら、水面下には岩礁が潜んでいたりもする。港町周辺の海に詳しい水先案内人の協力がどうしても必要であった。

彼の洞察力と見識の広さは、海だけではなかった。様々な河川工事を手掛け、舟運可能な河川に変貌させた。さらに一方で、ソフト面での構想力も大いに発揮する。それは、鳥羽の湊に入る途中にある志摩の菅島付近での試みから理解されよう。瑞賢は、暗礁が多く、航行の難しいこの海域を安全に行き来できるように、菅島にある山の中腹に毎夜篝《かがり》火《び》をあげさせた。夜間航行する船に位置を知らせるこのような工夫も瑞賢の考えだといわれている。夜間の航海など考えもしなかった時代の試みだけに、驚きは大きい。

江戸時代の経済が飛躍的に拡大する寛永期から元禄期、様々な工夫や時代を見据えた視点から、磐石を配せば、不可能と思われた航海も可能になることを、瑞賢が身をもって示したといえよう。これらの業績は、彼の広い視野からの航路の開発が理解されるが、その才覚は港町の極めて高度な技術集積に裏打ちされた結果である。

2 港町変容へのまなざし

一 空間の類型化に向けて

河村瑞賢の功績は、舟運ルートのネットワーク化により、中世以来の既存の港町を大きく都市発展させるきっかけをつくり、同時に瀬戸内海の御手洗のような新たな港町も誕生させたことにある。ただし、日本を取り巻く海岸線の多くが港町の適地というわけではない。新たな港町の形成は、おおむね既存の漁村、あるいは魚場近くの不定期的に利用されていた小さな入江などの仮設の場において、港町化することがほとんどであった。全く新たな場に港町を建設することはまれである。四周を海に囲まれた日本であるが、湊をつくり、町を形成する適地は思いのほか限られていた。

一方、中世以前からの既存の港町においても、さらに時代を溯れば、当初から港町ではなく、ほとんどが漁村からの出発であった。これから本書では、漁村から港町に転化し、発展・成熟のプロセスを繰り広げる港町の空間形成とその変容を読み解きたいと考えている。それには、都市形成史の立場から、類型学の視点を加味し、論理的に明らかにしていく方法論が求められる。したがって、闇雲に現在に残る港町の空間形態を単に類型化することは、あまり意味をなさない。むしろ、港町の型、その型をどのように変化させ次の時代の空間をつくりあげていったのかという変化のプロセスを類型化したいのだ。

長い歴史を経てきた港町は、様々な時代の空間要素が残り続け、しかも異なる時代が混在しており、空間を読み解きにくい。そこでまず、港町の空間を類型化する最初の立ち位置として、舟運が最も活発であった近世の江戸時代に目を向けたいと考えた。そのこともあり、まず河村瑞賢に登場してもらい、舟運でネットワークされた広域的な構図を眺めることから、港町の類型化をはじめるきっかけとしたかった。

二　津々浦々へ

十七世紀後半には、舟運航路と港町が相互補完するかたちで充実し、海、および河川の船による舟運のネットワーク化が完成する。「津々浦々」という言葉が「いたるところに」という意味に使われるように、港町は内陸を含め日本の国土にくまなく点在立地した（図1–1）。だが近代以降は、物流の主体が鉄道、自動車に変化し、遠距離の物流を担い続けてきた舟運も船が大型化し、大型船が接岸できる近代港湾に変貌してしまう。その結果、近世に大きく発展した港町の多くが再び漁村化し、交易の場としての繁栄を失う。

それでも、漁村化した港町には都市空間や建築が残り続けた。これは都市形成史を研究するフィールドにはもってこいの環境である。近代都市化を主導してきた近世城下町の空間変化に比べ、港町の空間構成は近世の構造を残し続けて今日に生きている。近世からの多くの空間、および営みの機能が近代に消されずに残り続けてきたことは、類型学的な視点に立てば、重要な意味を持つ。また、現在にまで至

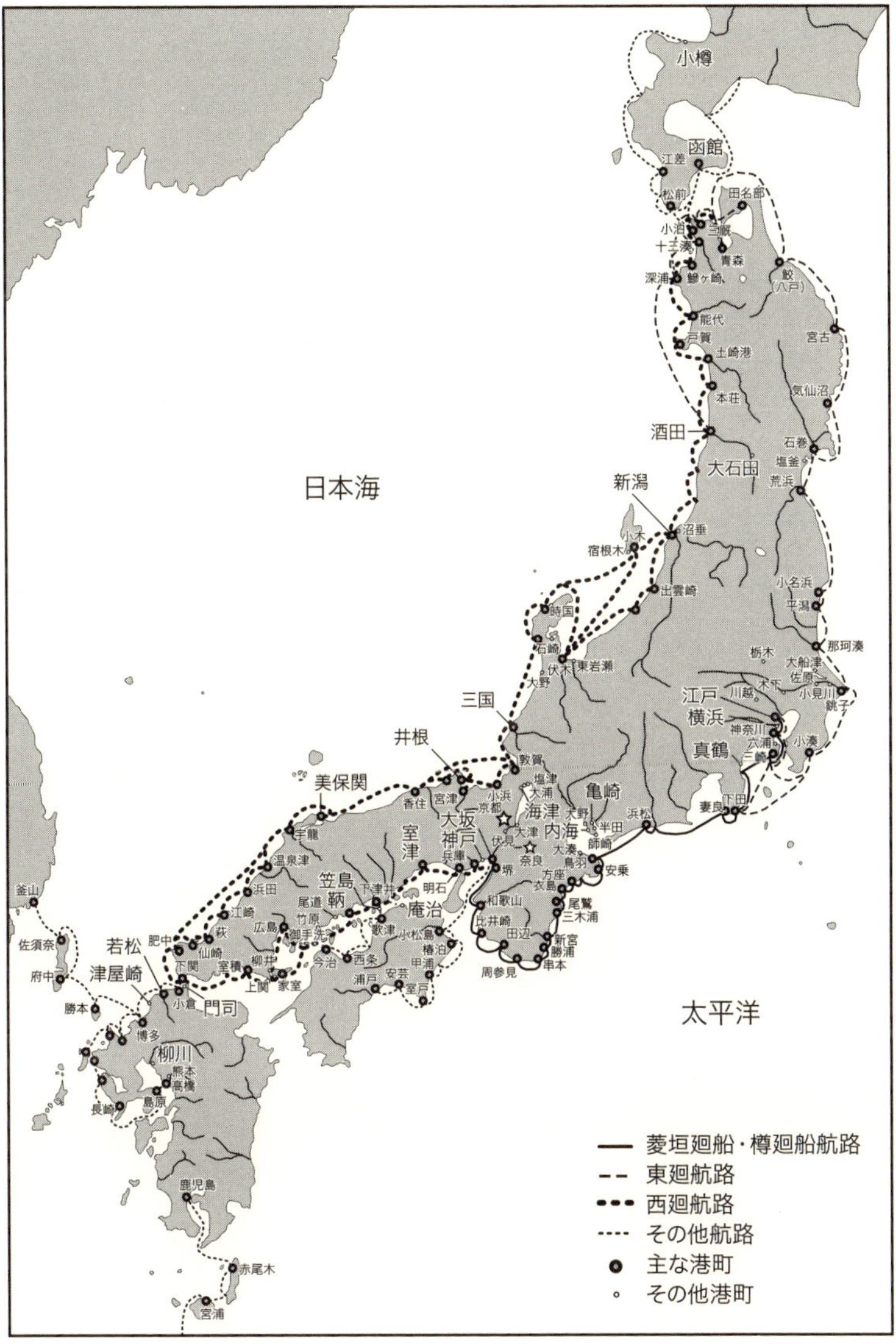

図1-1　近世日本の海のネットワーク

る近世都市空間の継承は、歴史の連続性の視点から、中世以前の痕跡を辿る手掛かりが残されている可能性が極めて高い。さらにいえば、中世、古代と時代を溯った都市空間の類型化には、城下町の中世以前の空間システムを別の視点から解き明かす鍵も潜んでいるのではないかと考えられる。これから、津々浦々の港町へと旅するのだが、まずは大きな視野で港町を俯瞰することからはじめたい。

3 ネットワーク化された近世

一 日本海沿岸の航路

日本全国にくまなく巡らされた舟運のネットワークと、そこに展開する港町は、同質、一律に空間の構造や機能を描きだしてきたわけではない。港町を結ぶ航路についてより細かく考察していくと、地理的環境から、幾つかの広域エリアが浮かび上がる（図1―2）。そのなかで、二つのエリア、「日本海沿岸のエリア」と「瀬戸内海のエリア」が近世以前の舟運や港町の形成・発展において重要な意味を持っており、注目したい。

まず、大陸と直接海で結ばれる「日本海沿岸のエリア」を見ることにしよう。特に、大陸からの最初の窓口となった北九州の沿岸と、「出雲の国」といわれた穴道湖の汽水の内海《うちうみ》に展開した独自の文化圏は、日本の港町を考える基本的なかたちが潜んでいる可能性が大きい。そして、大陸、朝鮮半島の関係

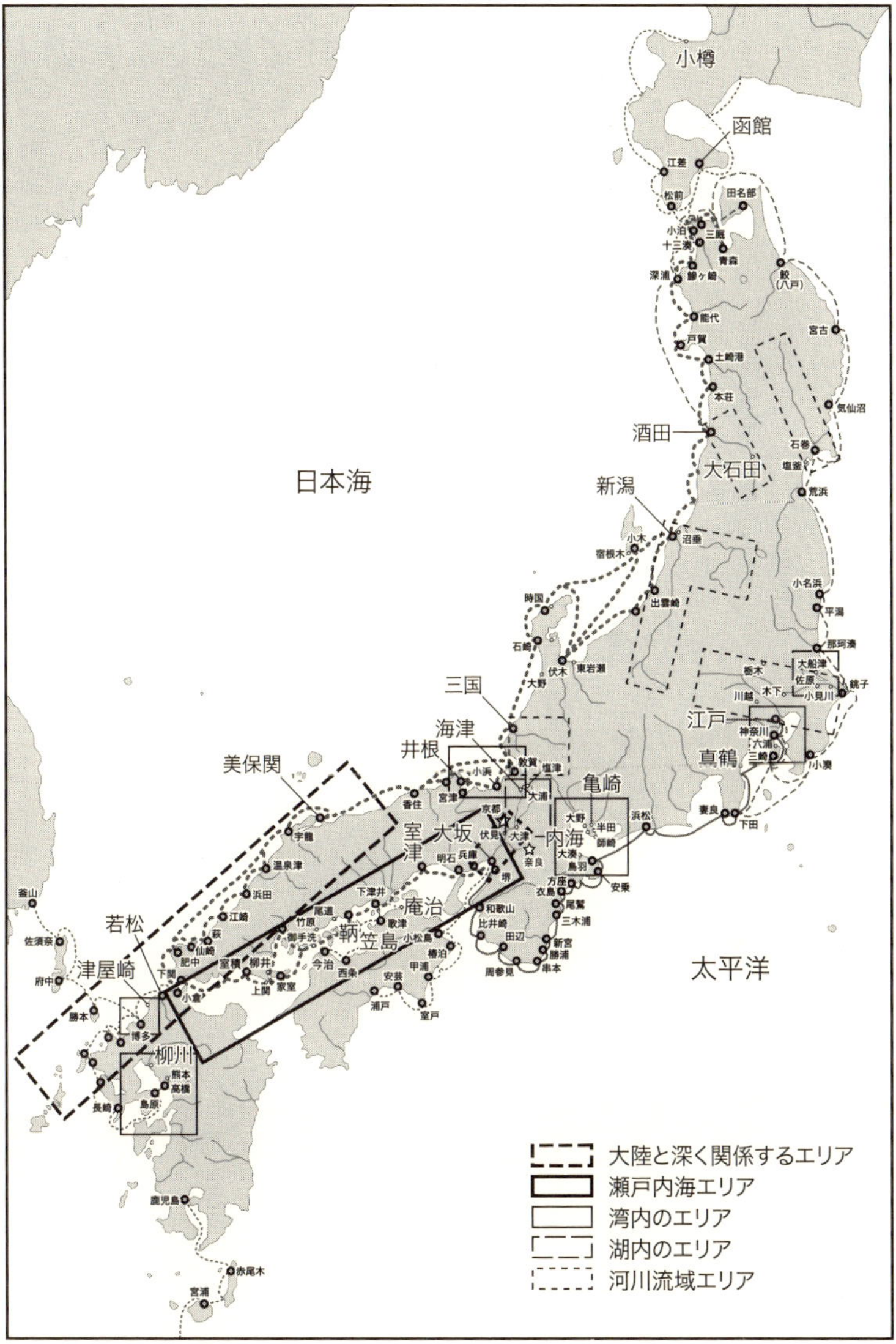

図 1-2　港町が展開する地理的環境エリア

で日本列島の位置を再確認すれば、船による大陸との交易は、北九州から山陰地方にかけての日本海沿岸が最も有利な環境にあった。そのことは、地図を眺めれば明確であろう。

日本海沿岸の交易航路としての重要性は、近畿地方に大和朝廷が中央集権国家を確立し、大陸からの船による物や文化の流れが瀬戸内海航路に集中してから、表舞台としての役割を失う。この日本海沿岸に再び光があてられ、表舞台に登場するのは、先の河村瑞賢の西廻り航路の開発からである。この航路開発は、米の廻船ばかりでなく、蝦夷（北海道）の産物を短期間に大坂の市場に運び入れるメリットがあった。サケやニシン、昆布など、大量の産物が江戸時代中期以降江戸時代の人々の食生活を潤した。

二　瀬戸内海の大動脈

古代から中世、さらに江戸時代を通じ、最大の舟運航路といえば、古代大和政権が確立していく経緯で船の航路を成熟させた、京都・奈良の近畿と大陸を結ぶ「瀬戸内海のエリア」があげられる（図1―3）。瀬戸内海は、広大な内海《うちうみ》を形成し、外海《そとうみ》に比べ、遥かに有利な自然環境のもとで港町が成立してきた。大和朝廷が近畿内に統一国家の都を成立させる上でも、瀬戸内海の舟運ルートを充実させ、港町を整備する必要性があった。

一九九九年七月に、日本の港町を船で海側から訪れたいという願いがかない、尾道から出発し、鞆に一泊して、庵治（高松港）まで、御手洗、鞆、笠島、牛窓といった港町を船で巡った。まる二日間早朝から夕暮れまで、それぞれの港町を海からアプローチし存分に調査できた。この時、舟運によって繁栄した瀬戸内海の港町がまだ息づいていると強く実感した。

瀬戸内海は、神功《じんぐう》皇后の時代（三世紀はじめ）、宋との貿易で巨万の富を築く平清盛の時代（十二世紀後半）に港町が輝きをみせ、空間としても大きく変化する画期となる。そして、江戸時代には朝鮮通信使が鞆、牛窓、室津などを寄港地とし、港町が祝祭の場となり、新たな空間の仕組みを描きだす。

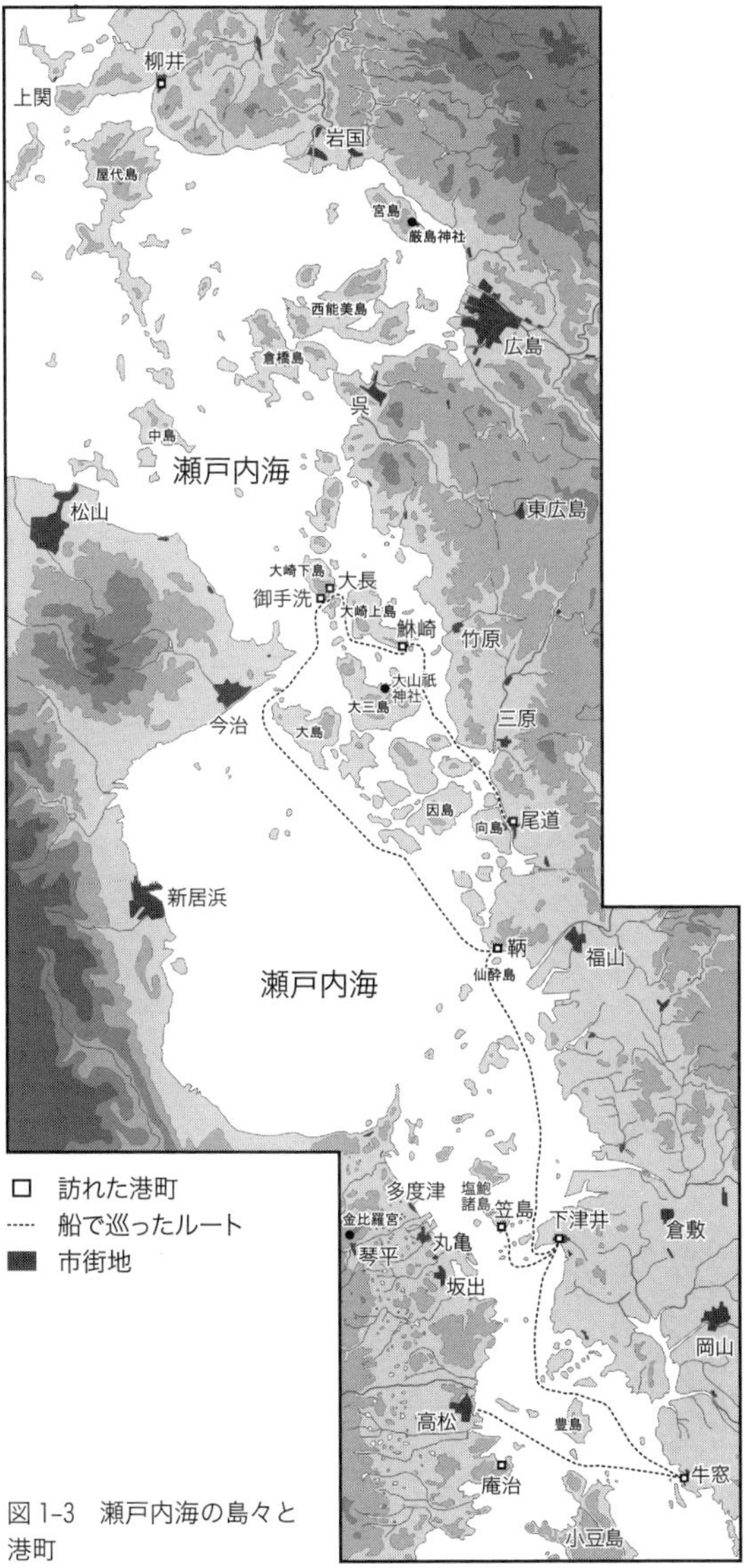

図 1-3　瀬戸内海の島々と港町

朝鮮通信使は、三〇〇～五〇〇人規模の使節団を構成し、釜山から江戸城までの道程をまるでカーニバルのように華やいだ行列で練り歩く。瀬戸内海は船で巡る。その時の船団は、色彩豊かな多くの旗をなびかせ、船を飾りたて、幻想的な絵巻を演出する。それは舟運の活発な瀬戸内海であるからこそ、意味あるイヴェントとなったといえる。朝鮮通信使が訪れた港町は、それぞれが竜宮城と見まがう世界をつくりだしていたに違いない。大和朝廷が日本の国土を一つにまとめるにあたり、近畿の地を選んだ理由の一つに、経済だけではない、祝祭空間としての瀬戸内海の存在があったはずだ。そう思わせる出来事が朝鮮通信使の来訪である。

三　湾・湖に繰り広げられた舟運

舟運の大動脈である瀬戸内海は、中国山地と四国山地に挟まれた特殊な環境である。それぞれの港町を結ぶ航路が外に開かれネットワーク化されている。だが、内海《うちうみ》としての湾は、ある種内なる海として完結しており、外海《そとうみ》と直接港町が面することのない環境であった。小さな経済圏、文化圏を舟運により描けたことは、湾における舟運と港町を考える上で重要な意味を持つ。

たとえば、大宰府が置かれた福岡湾、伊勢神宮を中心に活発な舟運ネットワークを成立させる伊勢湾などがあげられる（図1-4）。伊勢は、距離的に奈良・京都に近い。しかし陸路は鈴鹿山脈越えがあり、行く手を阻む。伊勢神宮はなぜ伊勢にあるのかという素朴な疑問を持つ。伊勢神宮の立地は、そこに参拝する人々による繁栄だけで解決できない難問があるからだ。ただ舟運という視点からいえば、紀伊半島のリアス式沿岸沿いに展開する小さな湾内の港町の存在によって、伊勢湾は古くから京や大坂とネットワーク化してきた環境があったと考えられる。そのことを明らかにしてはじめて、伊勢神宮が伊勢に立地した根拠と、伊勢湾の繁栄の一断片が裏付けられるように思われる。しかしながら、本書では伊勢神宮に関する話に深入りすることを避けたい。それは、本書の狙いとは異なる展開へと導かれる恐れがあり、別の機会に譲ることにする。

湾よりさらに閉ざされた環境である湖にも、舟運がおおいに発展し、港町の繁栄があった。ただし、港町間をネットワークする舟運に意味を持たせるほどの大きな湖は、日本においては琵琶湖と霞ヶ浦の他にない。しかも、湖は河川で海と通じていることが重要である。霞ヶ浦は利根川により太平洋とつながっており、湾とともに港町が成立する環境にあった。ただし、琵琶湖の場合は、瀬田川、宇治川、淀川と名を変えて瀬戸内海と通じているものの、京の都への物流として、大きく迂回して山間を抜ける瀬田川、宇治川を舟運に利用するメリットがあまりない。

図 1-4　伊勢湾の近世港町の主な分布

琵琶湖は、日本海との関係で、瀬戸内海とともに、京の都に物資を運び入れる航路として重要な役割を担う。日本海の産物は、敦賀《つるが》、小浜《おばま》の日本海沿岸の港町に陸揚げされ、陸路琵琶湖湖北の海《かい》津《づ》、大浦、塩津の港町まで運ばれ、湖上を再び船で大津《おおつ》に至るまでが主要なルートであった。陸路を経なければならない不便さはあったが、距離は最短である。西廻り航路が繁栄した江戸中期以降も重要視され続けた。それは、平清盛以来幾度となく、日本海と琵琶湖を結ぶ運河計画が立てられ、一部実施された計画からもうかがえる。

四　河口港町と河川流域

最後に、河川を取り上げたい。河川舟運の発達は関西以北の地理的特徴であるが、このことにより、河川沿いに数多くの港町（川湊）が誕生し、河川河口部の港町が大いに発展する。

たとえば、太平洋側に注ぐ利根川流域は、数多くの川湊をネットワーク化させることで、江戸時代に入り江戸が百万都市として成熟する基礎となった（図1-5）。川湊のなかでも、港町として都市化するプロセスを展開したケースもみられる。佐原はその一つといえる。利根川下流域にある香取神宮（創建紀元前六四三年）は船を司る民に信仰が厚い神社として知られ、神宮を総本山とする香取神社が利根川流域を中心に数多く分布する。香取神宮の門前近くにある佐原は、商都である以上に、周辺の穀倉地帯の米が集積する港町として成立、発展した。

日本海側では、九頭竜川と最上川が舟運の川の代表であろう。九頭竜川を背景とした三国は、河川舟運と海運の結節点として中世・近世に繁栄した（図1-6）。九頭竜川の支流、足羽《あすわ》川を溯ったところには、古く商都として繁栄し、江戸時代に城下町となる福井があり、さらに上流には戦国時代に繁栄した

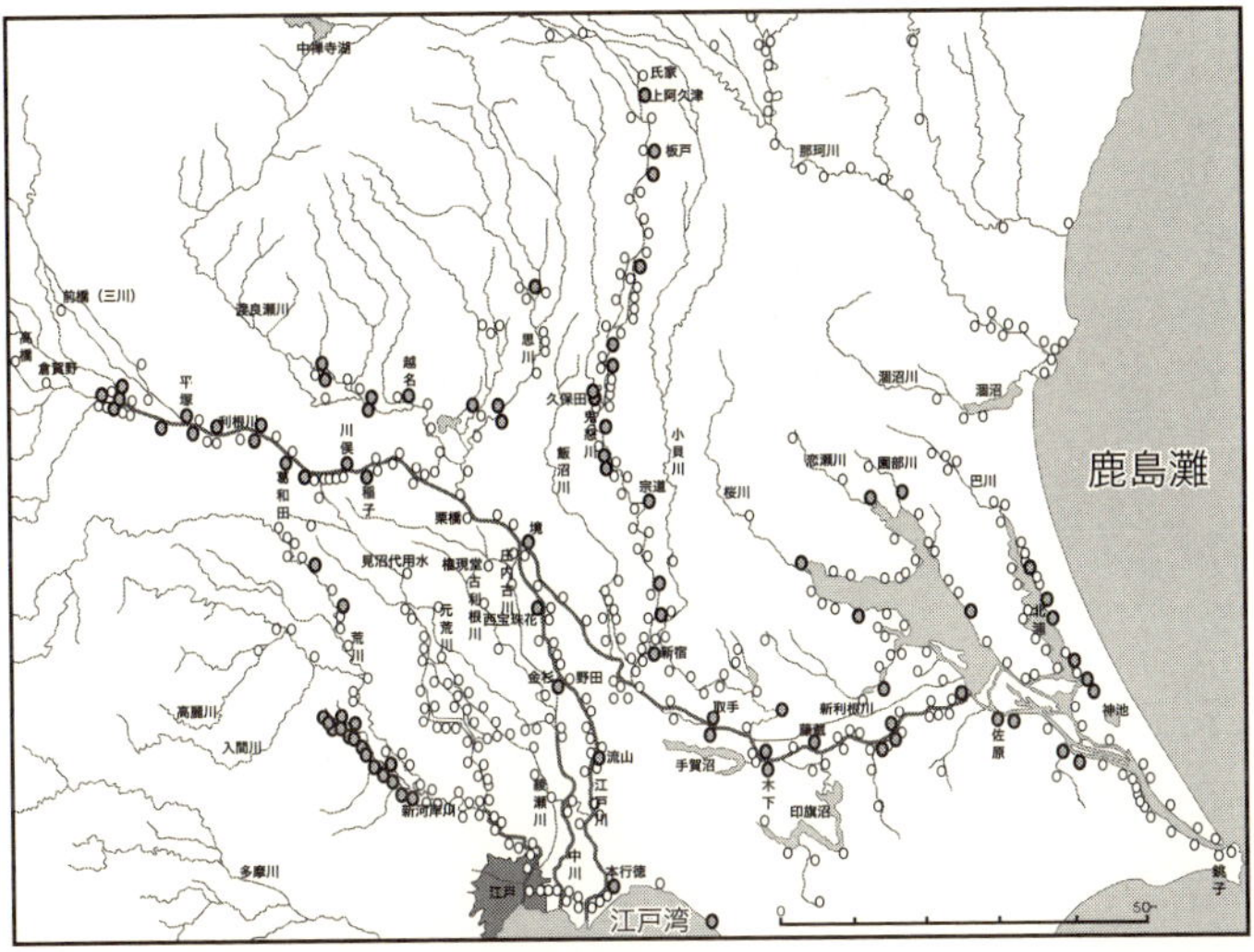

● 元禄三年「関八州伊豆駿河國廻米津出湊浦々河岸之道法並運賃書付」に記載された河岸　その他の主な河岸
○ その他の主な河岸

図 1-5　近世における港町と関東広域の舟運ネットワーク

注）ベース図および河岸湊の位置は、小出博『利根川と淀川』（中公新書，1975年）140，141頁掲載の図版（利根川沿岸の河岸『日本産業史大系関東地方篇』にもとづく）をもとに作成した．

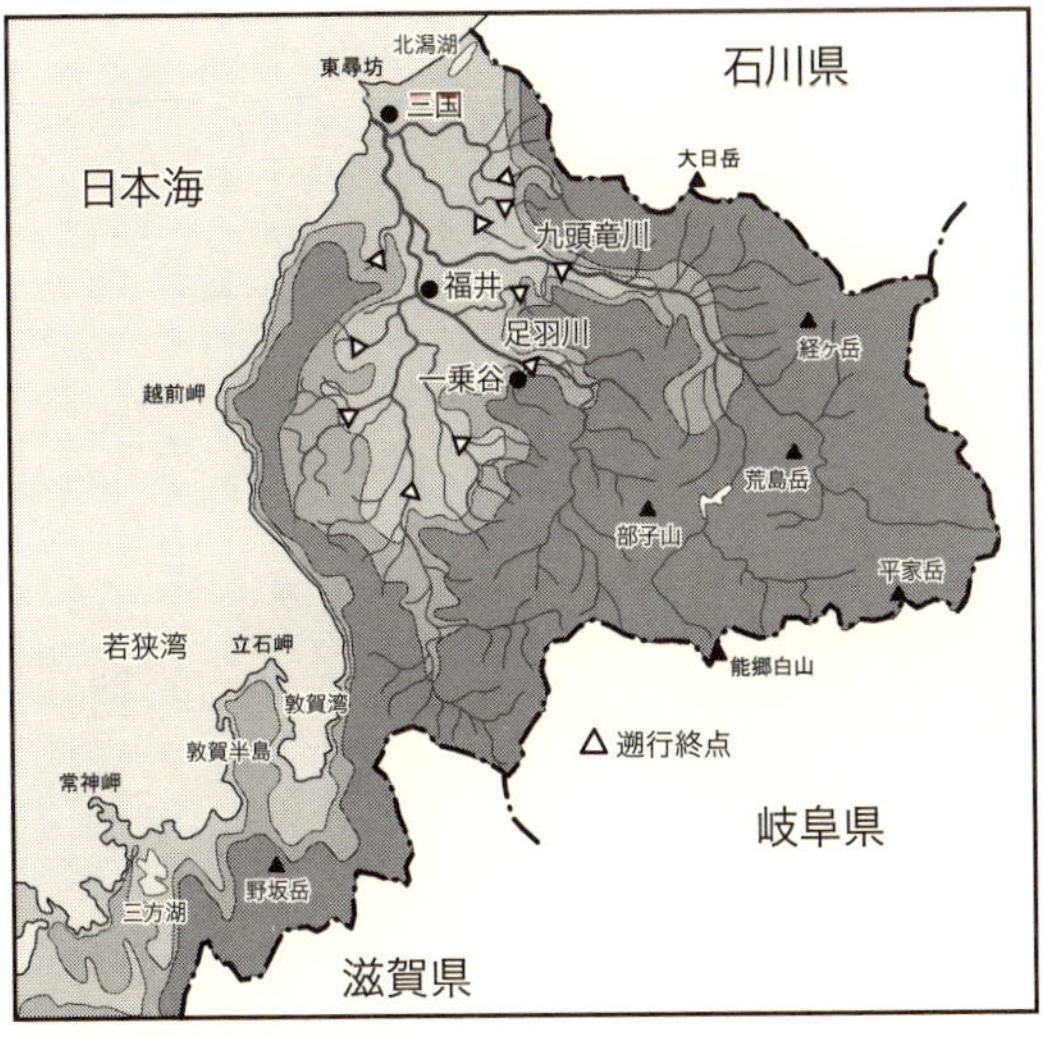

図 1-6　九頭竜川流域

朝倉氏の居城、一乗谷があり、三国との河川舟運が活発に行われていた。

また、北前船がもたらす繁栄は、河口部に大規模な港町の都市空間を成立させた。近世の大坂、江戸に次ぐ港町と謳われた酒田は、北海道の産物の集散とともに、最上川の舟運による中継拠点としての繁栄があげられる（図1―7）。海と川の異なる環境が複合的にネットワークする場所には、一大港町が成立する条件をより高めた。

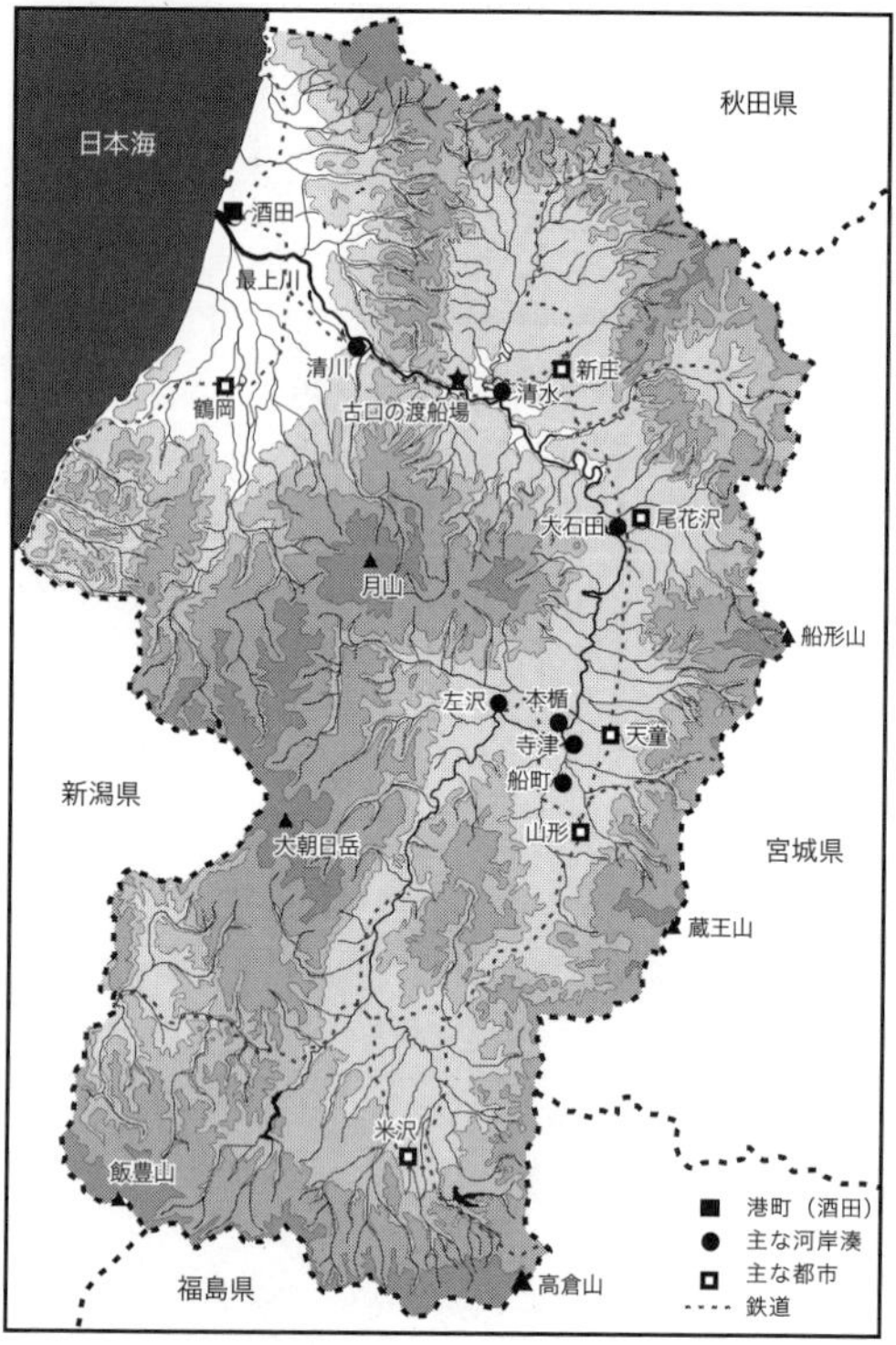

図 1-7　最上川流域と主な港町・河岸湊

日本地図を常々眺めていれば、誰でも気がつくことかもしれないが、学生時代小出博の『利根川と淀川』を読んでいてはっとした。それは、東日本と西日本とでは河川の構造が異なることだ。古代から河川舟運が盛んに行われていた淀川では、大陸から持ち込まれる先端の文明や文化が瀬戸内海を経由し、奈良や京都に建設された都に流れ込んでいた。その淀川より、日本地図の西側に目をやると、河川の流域が極端に短くなり、舟運不能な急流ばかりとなる。切り出した木材を筏にして下流に流すことがせいぜいである。

これに対し、東日本は先の利根川、九頭竜川、最上川で見てきた他、太平洋側の北上川、日本海側の信濃川が活発な舟運を行っていた。これらは、下流域の広大な平野と、中流域の盆地が山間からの水を大量に集める自然の仕組みを持つ共通の特徴がある。

日本の国土全体を俯瞰し、近世港町の位置関係、特色を大別したところで、次に個々の港町に視点を移し、「港町のかたち」がどのように変容し、近代を迎え、今日に至ったのかについて、歴史を追いながら明らかにしていきたい。また、環境的、および歴史的視点に立った港町再生の視点もことあるごとに触れたいと思っている。

II

古代港町のかたちを求めて

1　港町が成立する環境

一　漁村と港町の見分け方――伊根（京都府）

江戸時代に栄えていたはずの港町を現在訪れても、私たちが即座に当時の思いを享受できる風景に出合えるわけではない。近代港湾を別にすれば、近世以前に栄えた港町の多くは漁村としての歴史を近代以降歩んでしまって久しいからだ。表面上は、人々の営みを含めて、すっかりのどかな漁村風景となってしまったように思える。

ただ現代においても、かつての港町かどうかの判断に困った時、即座にわかる簡単な見分け方がある。それは、酒造業と和菓子製造業の有無である。港町は、漁村と異なり、交易都市であり、全国から船が集散していた。江戸時代の贅沢品を消費できる環境にあったことがポイントである。小さな漁村集落でありながら、酒造業と和菓子製造業が現在も残っているかどうか確認してみよう。これは港町を簡単に見分けるささやかな手立てだが、全く知らない漁村集落を訪れた時、意外に役にたつ。その一例として、伊根を取り上げ、確かめることにしたい。

日本海側の舟屋のある漁村集落、伊根はかつて何度か訪れた（図2-1）。学生を連れて調査したこともある。その時、学生の一人に「伊根は港町と言えるのでしょうか。漁村ではないですか」と質問を投

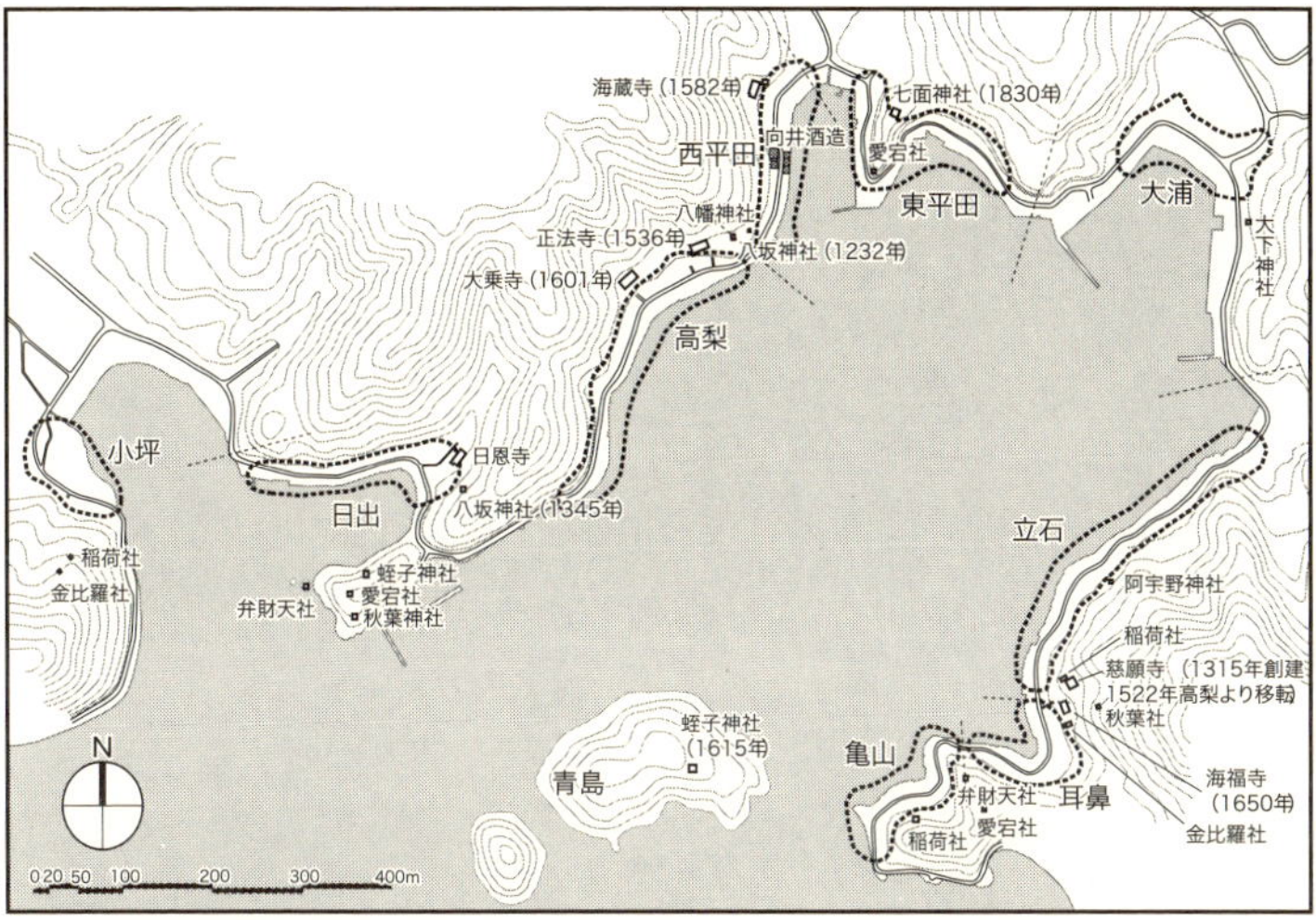

図 2-1　伊根の都市構成

げかけられたことがある。学生の目には、のどかな漁村集落がどうしても交易で栄えた「港町」に映らなかったのだ（写真2―1）。即座に、「漁村に無く、港町にある酒造業と和菓子製造業が重要だ」と答えた。港町は、漁業や農業を生業とする第一次産業の集落ではない。不特定多数の船乗りたちが立ち寄る交易の場であり、命がけで航海する人たちのいやしの場でもある。一回の航海で多額の収入を得る船乗りに港町が提供するもてなしは、一般の人たちが普段口にできない、米を原料とする酒であり、貴重な砂糖を原料とする和菓子である。

　全国の物資が集散する港町では、京の都や江戸などの大都市とともに、貴重な米と砂糖を使った製造と消費が可能であった。伊根にも、集落を形成する出発点となる、貞永元（一二三二）年創建の八坂神社下近く（西平田）に、広大な敷地を水際に持つ酒造の店が現在も商いを続けている（写

写真 2-1　高台にある寺院から眺めた伊根の町並み

写真 2-2　歴史を誇る向井酒造の建物

真2―2)。一方の和菓子の製造に関しては、残念ながら現在その姿を見ることができない。だが、かつては江戸時代から続いていたという和菓子を製造販売する店があったという。

聞くポイントが絞られている時は、早々に道行く人、生活する人たちにヒアリングすることも可能だし、大切である。この二つの有無を確認できたことで、伊根で港町としての調査を本格的に深められた。

二　高い技術と独特の景観――笠島(香川県)

港町を海から訪れる

しかしながら、伊根で見てきた港町の見分け方は、必ずしもオールマイティの特効薬ではない。どの港町にも必ず酒造業と和菓子製造業があるわけではない。特に、舟運のネットワークが港町間で緊密に行われていた瀬戸内海のエリアでは、必ずあるはずの花街がない場合もある。瀬戸内海のエリアでは、港町間でそれぞれ機能を分担するケースが見られるからだ。このようなケースにであった時は、もう少し港町全体の空間の仕組みや建築にまで目を向ける必要があろう。

近世以前の港町は、集住する高度な空間の仕組みと古い建物の質の高さが特徴としてあげられる。港町には船を操る技術、船を製造する技術があった。現代において想像するよりも遥かに高い技能集団の集住する環境があったし、それなくして港町は成立しなかった。現在見るのどかな漁村の風情とは異なる、船をつくる高い技術は建物にもしっかりと反映されている。建物が残ることで、港町形成のプロセスの一端が現在の空間から読み取れるのも嬉しい。その例として瀬戸内海の港町・笠島があげられる

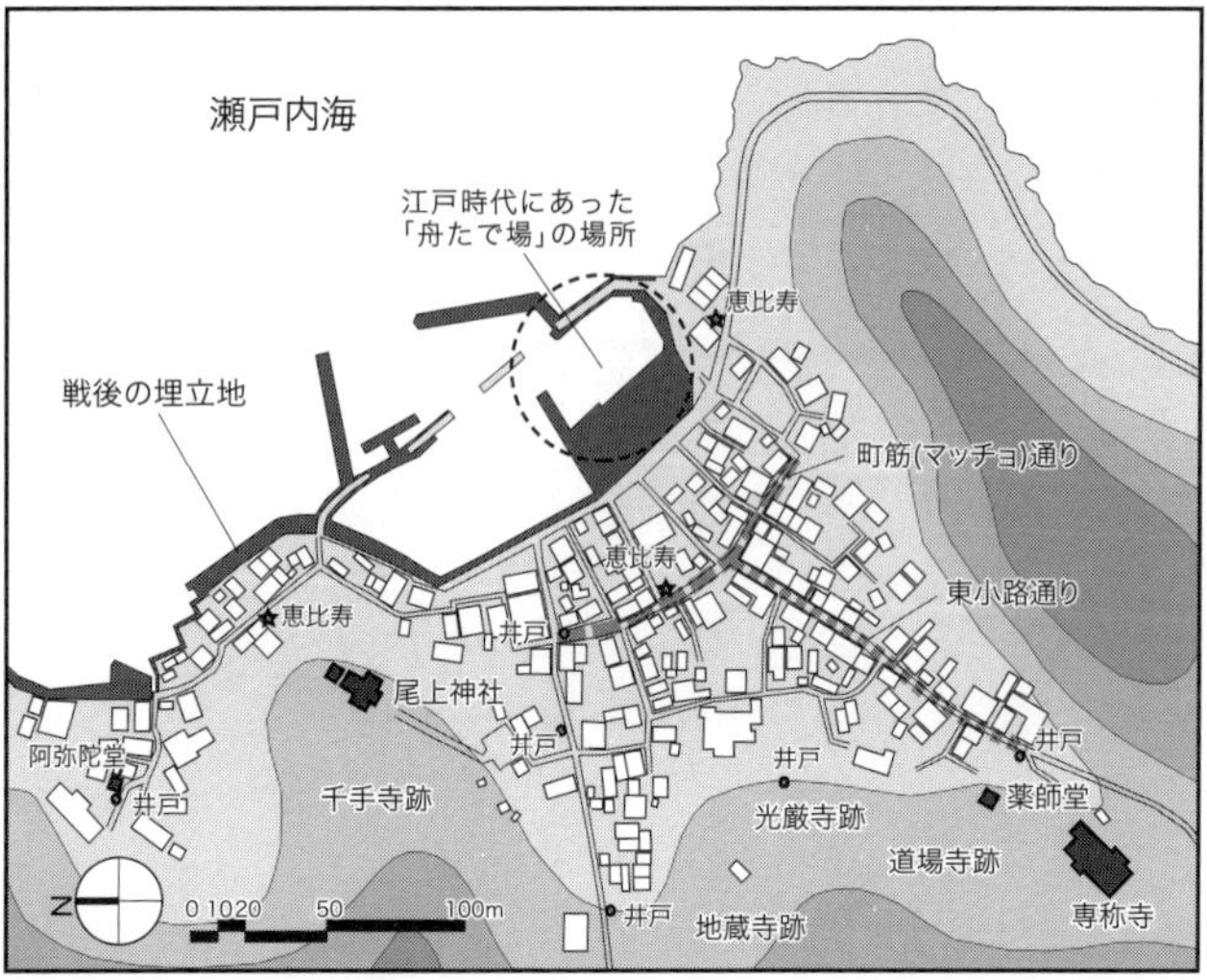

図2-2　笠島の都市空間構成

（図2‐2）。ウォーミングアップのつもりで、この小さな港町を訪れ、港町の特徴を探ることにしよう。

塩飽《しわく》諸島の中心にある本島《ほんじま》、その表玄関は、かつて港町として栄えた笠島であった。現在の主な船の出入りは、四国側に位置する本島港が中心である。小さな漁港となった笠島に、漁船やクルーザーが停泊してはいるが、四国や中国地方側からの定期便の航路が開かれてはいない。それでも、海側から船で訪れ、船上から古い町並みを見渡せば、笠島が繁栄した時代の面影を思いのほか残し続けているとわかる（写真2‐3）。

しかも、笠島の水際に建てられた建物が比較的古いことに驚かされる。長く歴史を刻むなかで保ち続けてきた風景は、見る者に強く引き付ける何かを発信しているかのようだ。塩の雑じった風雨にさらされ続けながら、町並みを維持する難しさは、多くの港町が体験し、内陸に位置する城下町

写真2-3　海から見た笠島の町並み

や集落では考えられない精巧な建物が、港町にはつくられてきた。そのなかでも、笠島は魅力的な町並みを現在に残しており、存分に堪能できる。

舟大工の活躍

江戸時代まで続いた港町の繁栄が過ぎようとする明治期、笠島では新たな模索がされた。それは、明治以降優秀な大工が数多く輩出されたことだ。もともと舟大工であった彼らは、家大工として、笠島の町並みを描きだし、笠島の家大工の優秀さを実地に証明する。多くの優れた大工を輩出したこともあり、塩飽補修工業学校がつくられ、明治三十年から大正十年にかけて、十二、三歳の青少年が大工の技術を磨いた。その成果の一つが尾上神社の拝殿に見られる（写真2-4）。現在でいえば中学一年生ほどの年端もいかない若者だけで建てられたとは思えない、確かな仕上がりを見るにつけ、笠島に極めて高い技術力が集積していたと

写真 2-4　尾上神社の参道と拝殿

写真 2-5　尾上神社の本殿

わかる。学校で実地に学び育った少年たちは、大工として、後に岡山の吉備津神社をはじめ、国宝級の建物を瀬戸内海沿岸地域を中心に次々と残すことになる。

拝殿裏にある本殿に回ってみた時、さらに驚かされた。小振りな本殿は四百年近くの歳月を刻み続けているという（写真2-5）。木を扱う港町の技術の奥深さが小さな社から感じられる。

港湾施設と石切場

江戸時代、主だった港町には、現在の造船所にあたる「舟たで場」が整備され、その周囲に集住する舟大工が造船や修理にあたった。舟たで場は、港町として繁栄した証《あかし》である。笠島にも舟たで場があった。それは、江戸時代後期、シーボルトの日記にも登場する立派な造船所である。

日本海沿岸を航海する千石船は、二年に一度笠島に戻る。その時、半年かけ船底に取りついた船虫を除くために船底を焼き、痛んだ場所を修理する。舟たで場は、水際一面に大きな石が幾つも敷き詰められ、その石の上に船を引き上げ作業する。舟たで場を整備するには、大量の石材を必要とした。

それらの石は、町の背後にある石山から切り出されたものであった。石山が近くにあることは、常に塩の雑じった風雨と向きあう港町にとって重要である。舟たで場だけでなく、港の護岸、波除の波止など、ふんだんに使われる石は、港町の空間や機能を維持する上で意味を持つ。石山が近くにあることも、港町成立の条件としてあげられよう。

町並みの変貌と継承

笠島は海から港に入る海底の水深が浅い。船が通れる航路も限られており、船の出入りが主に満潮の時期に行われていた。近代港湾としては不便な自然条件も、戦いが絶えない戦国時代は、海底の状況を熟知していれば、防備上安心・安全な湊だった。

笠島では江戸時代の石積護岸が一部残されているだけで、江戸時代に活況を誇った水際の大半は、昭和三十年代以降にコンクリートで固められてしまった。また、シーボルトの目にした優れた造船所も見ることができない。失われていったものは、港湾施設だけではない。寺院が笠島から姿を消している。港町の特徴の一つとして、非常に多くの寺院が港町に建立されたことがあげられる。ここ本島でも、現在十四ヶ寺となってしまったが、最も多い時は二十四もの寺院があった。特に笠島では幾つもの寺院が廃寺となっている。更地となった寺院は、かつて市街を見下ろす小高い場所に建てられており、丘陵に寺院の大屋根が建ち並んでいた。その勇壮な景観は現在望めない。ただ、海から大屋根が競うように並ぶ風景を思い浮かべてみると、笠島の空間が壮大な景観に変貌する。

港町に寺院が多い理由として、沿岸の航行はかなりの危険をともない、航海の安全を願い寺院へ寄進する者が多かったからである。北前船で活躍した廻船問屋、あるいは船持ち、船頭たちがお金を儲け、こぞって寄進した。ただこのような寺院は港町の衰退とともに姿を消すことになる。とはいえ、多くの港町は同規模の町や村に比べると、現在でも寺院の数の多さが際立つ。

舟大工が町並みをつくる

港町の特性を示す寺院などの施設が失われていくなかで、笠島の町並みだけは健在であった。それは、町の人たちの大いなる努力によって保存修復し得たのだが、笠島に優れた舟大工が集まり、潮風にさらされてもびくともしない建物を建ててきた先人たちの気概がこの町を甦らせる要因となっている。

江戸時代の笠島は、店が集中していた町筋通り（マッチョ通り）と呼ばれる道と、その町筋通りと直角に交差する、居住が中心の立派な家屋が並ぶ東小路通りとが、都市の骨格をつくり、中心的な町並みを形成してきた（写真2-6～7）。これらの道に吸い込まれれば、一棟一棟の建物は古く、質が高いと

写真 2-6　町筋通り（マッチョ通り）

写真 2-7　東小路通り

感じる。「船板一枚外は地獄」といわれる荒海に耐えうる船を建造する舟大工が、その手でつくった建物だけに、しっかりとした構えから合理的な美しさが感じられる。

町を歩いていて、この二つの道沿いの建物密度が最も高い。また、背後に切り立った山が迫る多くの港町と比べ、なだらかな斜面が奥深くえぐれている。海岸線に沿って横に広がるだけの町並みではなく、奥に向って建物が建て込んでいることに、佐渡の宿根木などとともに、港町・笠島の空間的特徴がある（写真2−8）。

中世以前の空間構造へ

ここまできて、東小路通りと名付けているからには、西小路通りがあってもよさそうだが、明確に通り名が示されてはいない。ただ、尾上神社に向う道がそれにあたるようだ。二つの道は途中から少し上り坂となる。坂の途中には微地形に従うように曲がりくねった細い道が東小路と西小路の道をつなぐ。こちらの方が町筋通りより古くからある道であろう。

東小路と西小路の二つの道沿いには井戸が集中している。いずれも共同井戸だが、井戸の位置は

写真 2-8　笠島の全景

坂を上りはじめた古道と交差するあたりと、さらに奥にもある。湊との関係からすれば、井戸は水際に近い方が機能的である。だが、笠島は必ずしもそれにあてはまらない。

このような不思議も、もう少し笠島の微地形を感じ取ると、井戸の位置の必然性がわかってくる。すり鉢状に内陸にえぐれている地形は、中世以前小さな湾となり、さらに二つの小さな入江があった可能性を示す。もし入江が古い湊であれば、尾上神社の位置や参道の方向が不自然ではなくなる。そして、尾上神社が鎮座する高台は日和山《ひよりやま》の役割を果たす。具体的に日和山の名がなくとも、町の近くに海と湊を見渡せる見晴し台が港町であれば必ずある。神社裏の崖からの眺望は、眼下に市街と湊、さらには瀬戸内海が見渡せる。

港町の発展は、近世に水際を埋め立て、大規模な開発が進められた。ここ笠島でも、町筋通りが整備され、短冊状に町割りされた土地に町並みが新たに出現した。だが笠島の空間の基本骨格は変わっていない。前時代の構造をベースに町が再開発されているのだ。

歴史は古い時代から現在へ、この流れで小さい時から教えられてきた。本書も、古代から近代へと書き進めている。だが、港町を実際に調査し、研究するプロセスは、現在というフィールドから、空間を調査し、分析し、現在から一つ一つ時代とその変化の仕組みを解き明かしながら過去に溯る。確立された考えをなぞる旅ではないのだ。そこに、港町を調査する面白さも、醍醐味もある。

2 港町のルーツを探る視点

一 水位の歴史的変化と沿岸の潮位差

伊根と笠島を例に、港町の空間や機能の特徴を確認してきた。このように見てくると、港町の空間のルーツ（原型）が次に気になるところだ。日本の港町のルーツを探しだす試みは様々な研究分野で行われてきた。だが、それを空間として具体的に描きだすことは大変難しい。日本の港町のルーツを空間として言及する難しさは、港町が古代、中世、近世、近代と、その姿を大きく変容させてきた歴史も要因としてあげられよう。港町は、近世初頭に数多く形成された城下町と比べ、その歴史が長い。同時に空間を変貌させてきた過程が複雑にからみ、現在の都市空間に重層的に描き込まれており、城下町のように一つの時代に基本骨格が完成されたわけではないからだ。

とはいえ、原風景を探りあてることは、現在目にする港町の空間を理解する上で価値ある着目点である。難しさを承知で、ここまで書き出してしまった後悔が少しちらつく。その不安を取り除くために、本書では原風景を明らかにする糸口として、二つの、試みと視点を用意した。その一つ目の試みは、現在の地図上で縄文後期の海進《かいしん》した時に七〜八メートル水位上昇した等高線の位置に沿って線を引いてみることだ。すると面白い発見ができる。当然のことなのだが、古代以前の人たちは現在の地理的、地形的環境で海の拠点を選んだわけではないから、全く別の地形と水際線が描きだされる。

二つ目の視点は、潮位差である（図2–3）。日本海側は、小樽から境港まで潮位差がわずか〇・三メートルである。一方太平洋側は、大阪が一・八メートル、東京と鹿児島が二・三メートル、名古屋が二・八メートルと、日本海側に比べ潮位差の違いがあるとわかる。潮位差のさらに大きいエリアは、有明海の住ノ江が六・〇メートル、瀬戸内海の広島が四・〇メートルである。場所により、潮位差が異なる。そして、水際の景観も変わる。

図2-3　日本沿岸の主な都市の最大潮位差

潮位差の少ない日本海側は、伊根の舟屋のように直接船を建物内に入れ込むことも可能となる（写真2–9）。また、潮位差のある鞆などの瀬戸内海の港町は、水際に階段状の雁木《がんぎ》と呼ばれる船

写真 2-9　水際に舟屋が並ぶ伊根の風景

写真 2-10　鞆の雁木

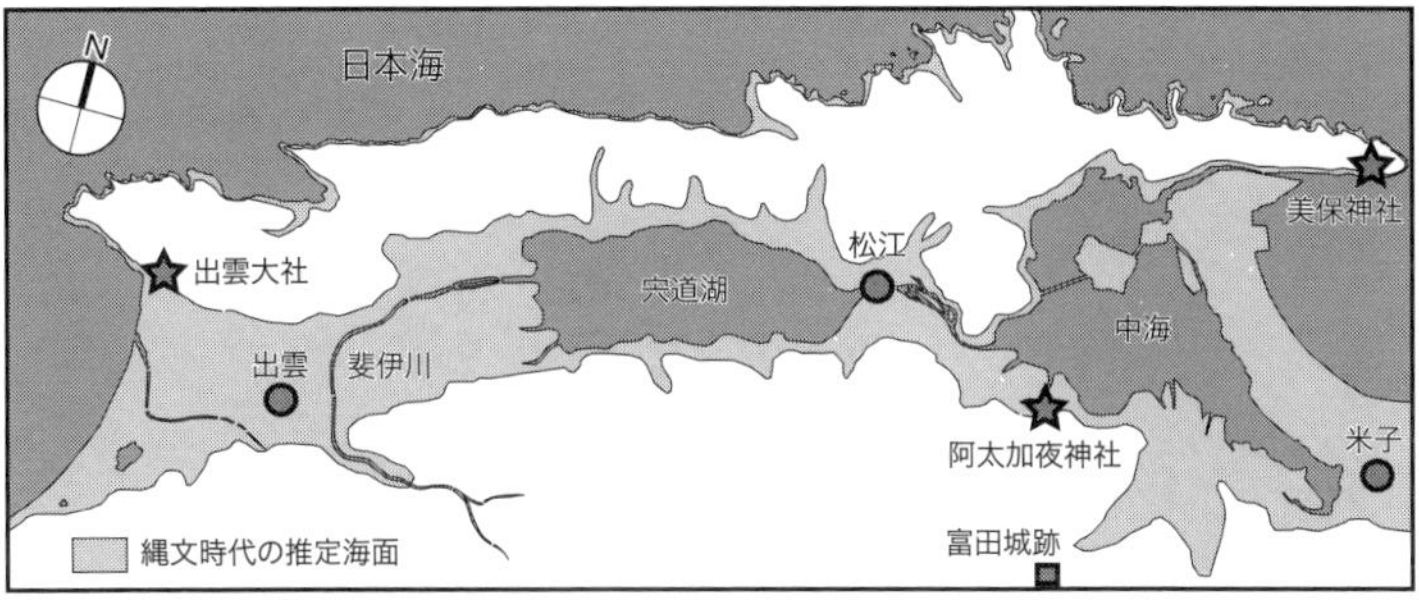

図 2-4　縄文後期の出雲の世界

着場が設けられ、潮位の変化に対応する工夫がされていた（写真2−10）。日本海側の伊根と瀬戸内海の鞆を比較するだけで、潮位差による水際空間の違いがよくわかる。

二　出雲に展開した古代の港町——出雲、美保関（島根県）

以上の前提を踏まえ、日本の港町の原型を訪ねることにしたい。古代以前の神話の時代に、日本における港町のルーツを見いだすとすれば、土着の自然神の信仰があげられる。その後、組織だった集団の人的構造の核として神社が存在するようになり、信仰のシンボルである神社が船を操る人々の集落空間に介在した。その時、原風景に象徴性が加わる。石や山、海に浮かぶ島、それと対置する人間がつくりだす社《やしろ》、そして人々が住まう場としての集落。しかし、これらが組織的に空間を構成する以前の自然と同化する場の仕組みが港町の原風景としてあるように思う。旅の鉾先をまず出雲に定めた。

出雲大社の由緒には、紀元前四年に神社造営がなされたと記されている。出雲大社が立地する地理的環境は、日本海から吹き寄せる風や波を避けるように、北に位置する山並みを背景に鎮座する（図2−4）。

写真2-11　松江城から穴道湖を望む

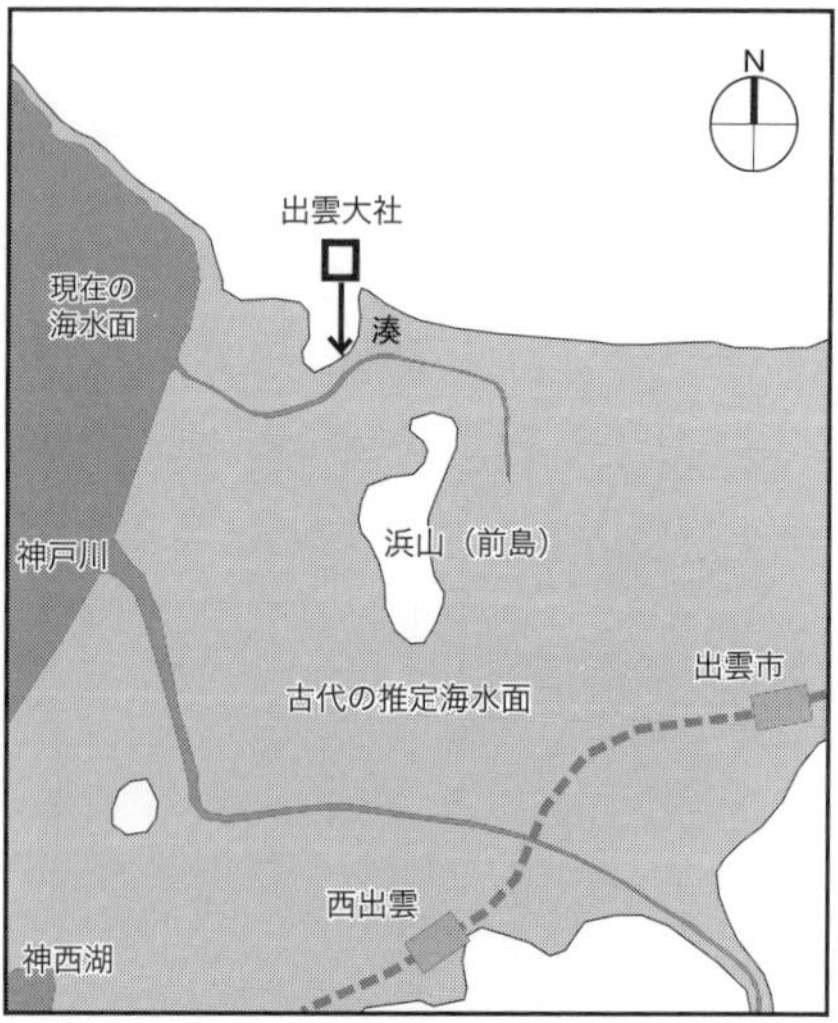

図2-5　古代の出雲大社と推定海水面

海面が現在より七メートル以上上昇していた温暖な気候の縄文後期、前面には内海《うちうみ》が広がっていた。現在汽水湖となっている穴道湖などが外海《そとうみ》と一体となり、内海（水道）となっていた（写真2-11）。内海は、現在の瀬戸内海と同じ環境をつくりだしていたのだ（図2-5）。出雲大社の前面に広がる低地は平坦ではなく、浜山と呼ばれる少し小高い丘があった。かつて海面が上昇していた時はその丘が島であり、南からの風を遮断する前島の役割を果たしていたと思われる。

いま一つ、出雲には興味深い神社がある。それは美保神社である。創建年代は不明とされているが、『出雲風土記』に記載される古社である。『出雲風土記』は、異説があるが、一般的に、天明天

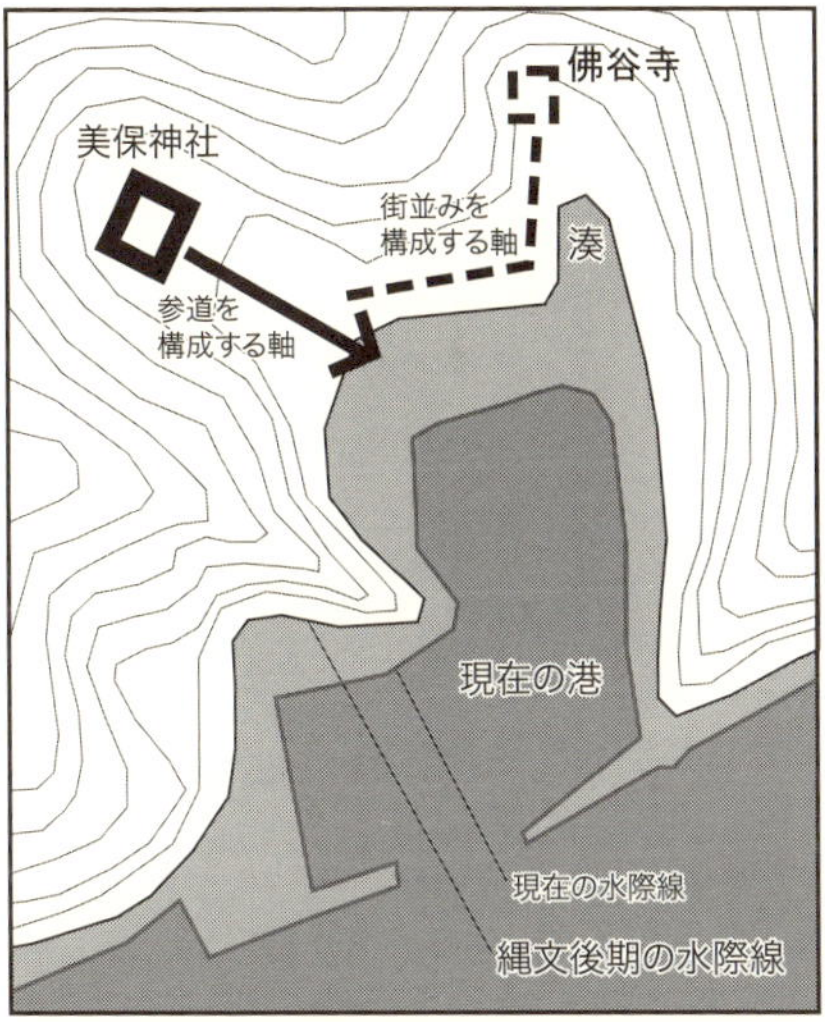

図 2-6　古代美保関の空間イメージ図

写真 2-12　美保関の港

皇の時、和銅六（七一三）年五月に編さんがはじまり、天平五（七三三）年二月三〇日に完成し、聖武天皇に奏上されたといわれている。

美保神社は、出雲大社と同様に、北に位置する山々に抱かれ、建立された。美保神社の前面には湊があり、美保関と呼ばれる港町の空間を構成していた。ただこの港町の空間を保護する自然地形は、出雲大社と異なり、明確な前島が存在しない。その代わりに、小さな湾とその周りを山々が保護した。美保神社は、この小さな湾の奥、南側の少し突き出した岬に守られるように鎮座し、その前面に湊が置かれた（図2-6、写真2-12）。出雲における神社と湊で構成されるこれら二つの空間構造は、中世以降に成立する港町の立地に欠かせない、前島、小さな湾内といった港町の基本条件をすでに示しており、そのことが大変興味深い。

3 漁を生業とする集落の原型

一 地形と初期漁村集落の立地場所——室津（兵庫県）、美保関（島根県）

港町の集落空間の原型を描きだす上で、神社の存在は重要である。なかでも、神社の位置と参道の方向は集落の空間を決定する要因の一つと考えられる。しかしながら、集落を形成する初期段階は、象徴性以上に、自然災害から集落を守る立地条件が意味を持つ。この地理的条件が充分に担保されてこそ、象徴性を持ちつつ、災害に強い都市として、長い歴史を辿って今日に至ることができたといえる。

先に見た出雲の二つの港町には、象徴性より、むしろ自然条件を重視した立地のあり方が読み取れる。次に、瀬戸内海でこの自然条件が初期段階の港町の立地にどのような意味を持ち、関係づけられていたのかを確かめることにしたい。ここで取り上げる瀬戸内海の港町は室津である。

室津の初期の地理的な背景と空間構造を知るには、縄文後期の状況を示す必要があろう。現在の室津とは異なる風景が思い描ける。縄文後期の室津に発生した集落は、小さな湾に成立した。この位置は、特に津波、台風などの大波、強風などの災害への配慮がなされていることに気付く（図2-7）。水際に面する湊の前面にある前島とともに、波風をさえぎる小さな岬の内側に神社と集落をつくりだす。これは、出雲で見てきた二つの港町の基本型を融合させている。

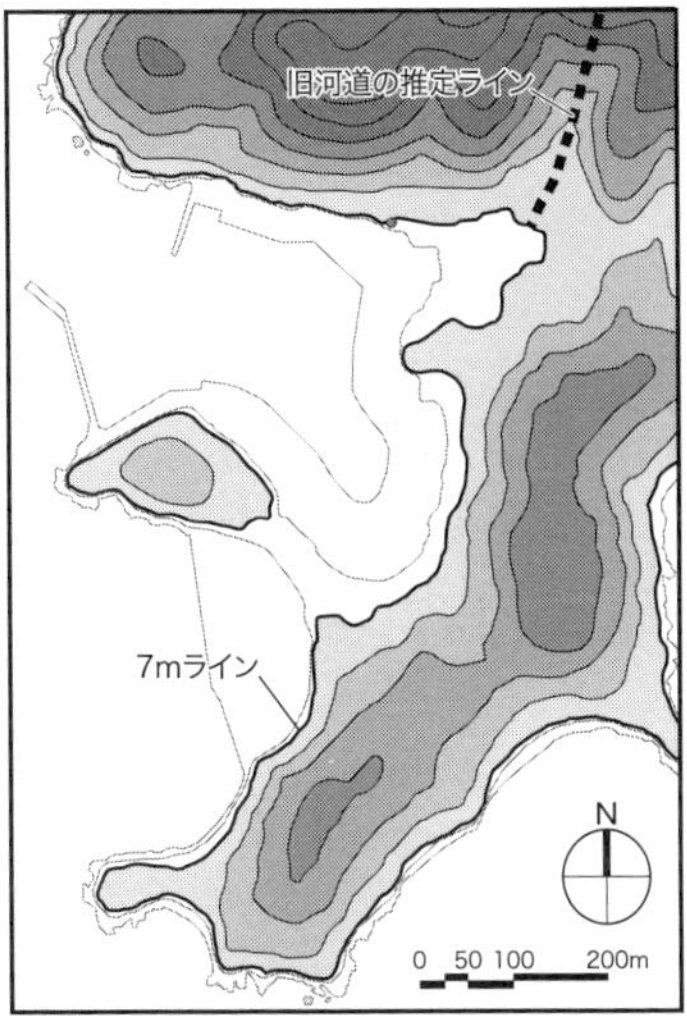

図2-7　室津の原風景

前島は、現在陸続きとなった半島であるが、水位を七メートルあげれば島になる。遠くから眺める半島はかつて島であったとはっきりとわかる（写真2-13）。また、前島とともに少し突き出した岬の存在が重要である。波と風をさえぎる岬の内側、小さな入江の奥に神社を配し、集落を形成することができるからだ。

室津の空間のあり方と類似する美保関に再び登場してもらおう（39頁・図2-6）。美保関には前

写真 2-13　上賀茂神社が鎮座するかつての島

写真 2-15　水際に沿って形成された町並み

写真 2-14　美保神社の参道

島が存在しないが小さな湾を包むように、両側から岬が突き出ている。近世初頭に整備された「波止」は、このような自然の岬を人工的につくりだしたと思われるほど、美保関は波止のような岬に守られ、その奥、岬の片側奥深い谷筋に美保神社を配し、後にその参道下からは集落が帯状に形成されていった（写真2－14～15）。神社の位置は、大波をさけるように、岬に隠れるかたちで位置する。自然の地形を利用した合理性が見られる。

二　船を操る集落の生成と成長――成生（京都府）

現在の空間から基本骨格を探る

古代・中世・近世と空間を発展させ続けてきた港町は長い歴史のなかで空間を変化させ、特に近世に大きく空間構造を変貌させており、初期の空間構造を現状から読み解くことは困難な面が多い。空間を類推することはできても、詳細に集落の生成と成長のプロセスを描きだすことは難しい。従ってここでは、港町の変容プロセスを描きだすために、日本海側に成立する小規模な漁村集落にスポットをあて、そこから港町が空間を構成する原風景と変容のプロセスを考えてみたい。その漁村集落は成生《なりう》である（図2－8、写真2－16）。成生は、若狭湾に突き出した大浦半島の東側の海岸に位置する。

成生の集落は、二つの谷戸に収まり、信仰行事や講を組織する三つの「組」に別れ構成されている。海から向って左側の谷戸は「マンダダニ」、右側は「ホンドオリ」と地元の人たちが呼ぶ細い道を境に、右が「ムカイスジ」、左が「ナカスジ」となる（図2－9）。

海側から集落のなかに入る道は、現在五本通されている。左側の谷戸には二本の道があり、右側の大きな谷戸には「ホンドオリ」と、その両側に「ナカスジ」と「ムカイスジ」に入る道がある（写真2−17）。これらのなかで、成生神社に向う細い道、ホンドオリが集落全体の中心をなす道に思われる。ただ不思議なことに、この道には各家の玄

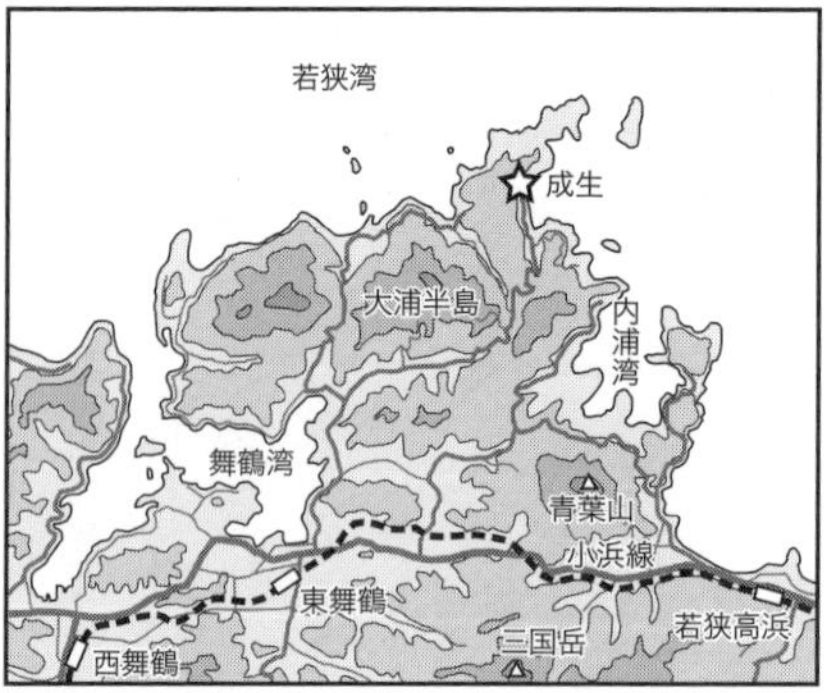

図 2-8　大浦半島周辺広域図

写真 2-16　成生の集落全体の俯瞰

関にアプローチする通路が全くなく、集落の人たちがこの道に集まる構造にはなっていない。かつて川が流れており、最も低い場所を通る「ナカス

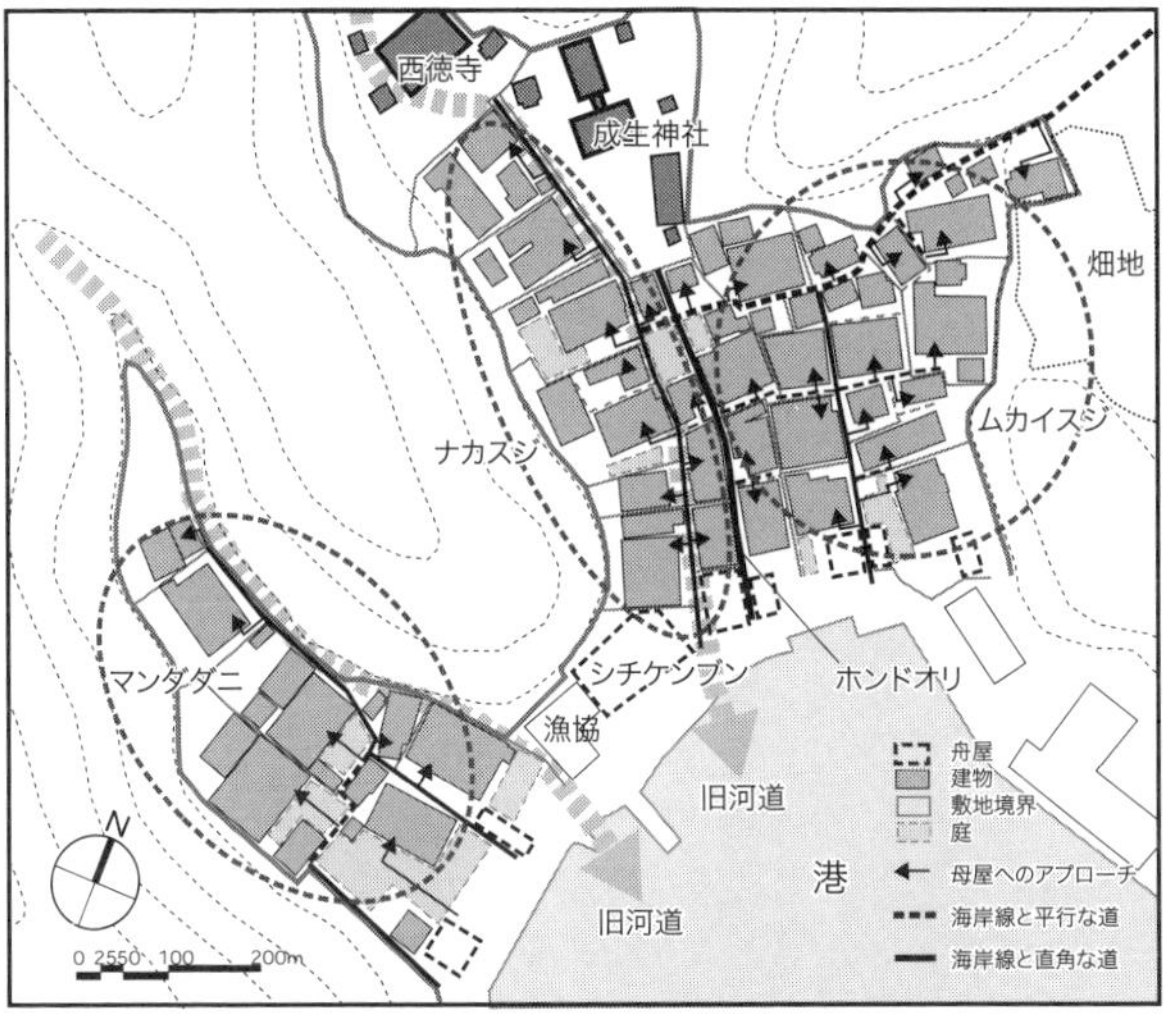

図 2-9　成生の道と建物が構成する空間構造

写真 2-17　港から成生の集落に入る三つの道

ジ」に入る道は、比較的幅が広い。この道は途中まで道に面して母屋の玄関があるが、奥に行くと、ホンドオリと同様になくなる。さらに、ムカイスジに向う道にも、母屋の玄関が向けられていない。

次に、集落空間形成の中心となる神社の位置を確認してみよう。成生神社は谷戸の奥まった場所に位置する。その社殿は応安七(一三七四)年の大火により焼失し、永和五(一三七九)年に再建された(写真2-18)。そのことから、集落の成立は少なくとも南北朝時代以前に溯る。この段階では、成生の基本構造を先の美保関と重ねてみても共通する要素を見いだせない。しかしながら原風景に至ると、古代に成立した美保関と、中世に成立したと考えられる成生とに、不思議と多くの共通性が見えてくる。

写真2-18　成生神社とそれに向う「ホンドオリ」

原風景を読み解く

成生で原風景を探りだす極めて重要な視点は、海岸線に対する道の構造である。それにはまず、中世の水際線は現在より四メートル程高い位置にあり、現在と比べ大きく異なる環境にあったことを認識しておきたい。二つの谷戸には川が流れ込む小さな入江が現れ、それが恰好の湊となったと想像される。神社の近くまで小さな入江が入り込んでいた。

入江の北東側は、土地が高く、地盤が最も安定しており、このエリアだけが居住空間を中心として、神社、後背の畑地、入江に面した湊との関係をコンパクトに集約化し、完結した集落空間となり得る型を持つ（図2-10）。

すなわち、成生では舟屋と建物の関係をつくりだす以前に、海と平行の道を骨格にしっかりと集落構造が形成されていたのだ（写真2-19）。その仕組みを壊すことなく、海に通じる道を新たに設け、水際

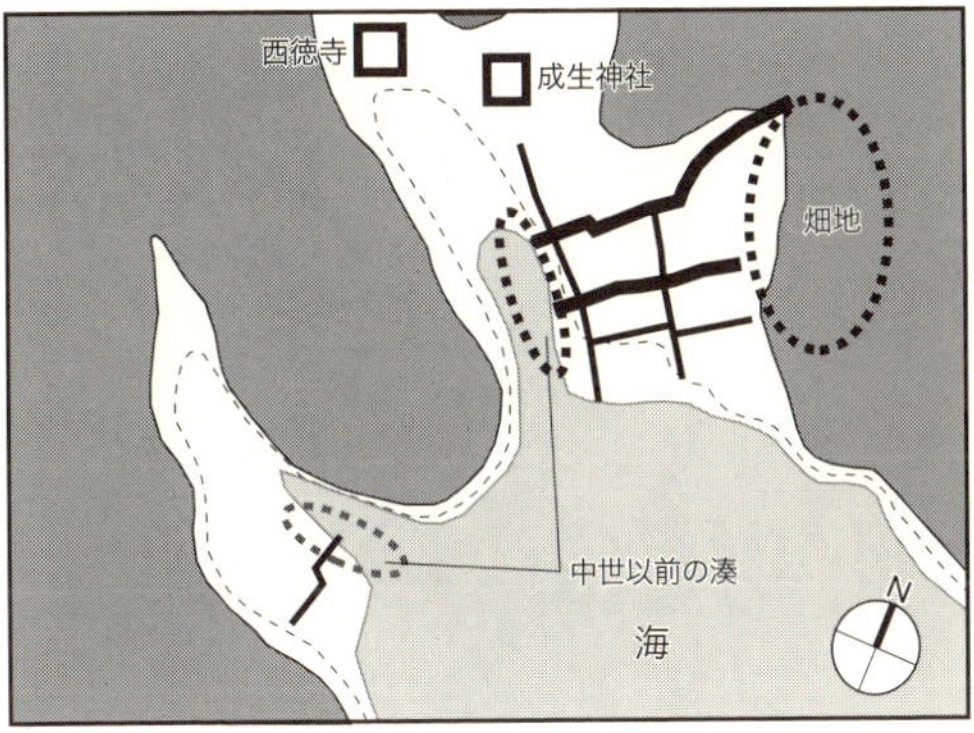

図2-10　成生の原風景の構造（成生の中世の推定水際線と空間構成）

写真2-19　現在も骨格として生き続ける海岸線と平行の道

写真 2-20　建物内に組み込まれた路地

に舟屋をつくりだした。ムカイスジの道はもともと存在していなかった。それでは、海側に近い建物にアプローチする道がなくなる。だが、現在も海に近いホンドオリから延びる短い路地がかつて奥まで延び、この路地が海と平行する他の二つの道と同じ役割をしていた（写真2-20）。そう考えると、ホンドオリと同様、ムカイスジにある道を使わなくとも母屋に入れる。これらの路地が直接小さな入江と結びついていた。

この入江と神社の位置、その参道と集落の関係は、先に見た美保関と類似性がある。ここに、近世の大きな変革を経験してこなかったシンプルな空間構成に見られる、古代港町の基本のかたちが中世に引き継がれてきた空間の基本型が垣間見られる。

4　もう一つの古代港町のかたち

一　つくられた神社と漁村の構成――神戸（兵庫県）

西暦二〇〇年という時代性

「出雲の国」や「大和の国」で繰り広げられてきた神話の時代から、日本（倭国）は国の統一に向け、大きな変化を見せる。九州、畿内を中心に日本では戦乱が激しくなり、乱立する小国家を統一する動きが生まれ、その後二世紀中ころには次第に大和朝廷へと国の体勢が集約されていく。四世紀前半には、大和朝廷が近畿以西の日本の国土を統一したとされる。この間の動向は、港町の空間形成の視点からも興味深いものがある。それは、三韓征伐に向った神功皇后《じんぐうこうごう》（二〇一～二六九年の間政事を執る）の足跡を辿ることで、もうひとつの「古代港町のかたち」を知る一端が明らかにできると考えているからだ。

神功皇后が生きた時代は、分裂していた日本の国土を大和朝廷が統一する激動の時代であり、『古事記』や『日本書紀』の解釈においても異説が多い。『古事記』も、『日本書紀』も神話の時代から下って歴代の天皇を綴った歴史である。『古事記』は、和銅五（七一二）年、太朝臣安万呂《おおのあそみやすまろ》（太安万呂《おおのやすまろ》）によって献上された、上中下三巻からなる日本最古の歴史書である。神話の時代から、第三十三代推古天皇の時代に至るまでの様々な出来事が書き示してある。『日本書紀』は、奈良時代に成立した日本の歴史書

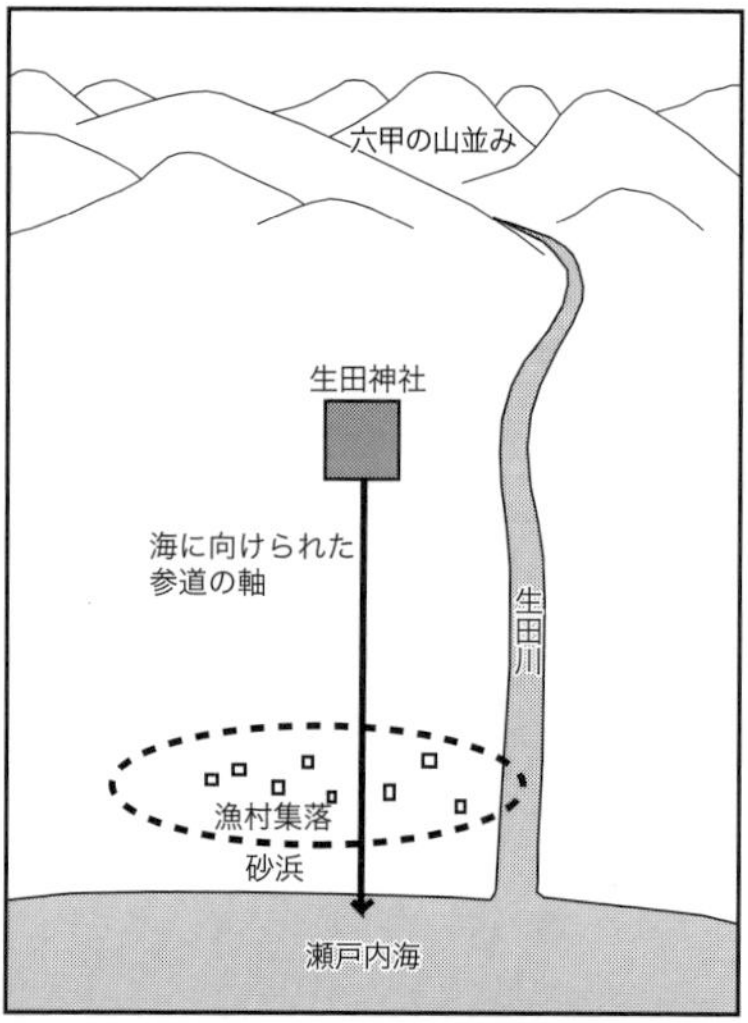

図 2-11　古代前期の生田神社と周辺の概念図

である。舎人《とねり》親王らの撰により、養老四（七二〇）年に献上されたといわれる。神話の時代から、女帝である第四十一代天皇、持統《じとう》天皇の時代までをあつかったものである。

　ここで特に確認しておきたいことは、日本の国土統一において、瀬戸内海が政治的にも、経済的にも、重要な航路であった点である。この航路を安定的に確保することが、日本を統一していく大和朝廷にとっていかに重要であったかは、瀬戸内海から北九州にかけて、西暦二〇〇年ころに創建されたとされる神功皇后ゆかりの神社が点在することからも明らかである。しかも、出雲で見た港町のかたちと異なる、軸が象徴された点が興味深い。出雲と室津で見えてきた原風景の次の段階として、この瀬戸内海に示された港町の空間形態は最初の港町から変化をとげた新たなかたちといえる。それは、神社が象徴性を持つ漁村集落の誕生を意味する。

海からの象徴性

　海からの象徴性を一般化すると、どのように空間が描けるだろうか。たとえば、単純化すると、海に面するなだらかな斜面地のなかほどに神社が置かれ、海に向けて参道の軸が通される空間を示すことができる。水際は砂浜で、そこからなだらかな斜面を少し上った場所、背後の神社を守るように漁村集落が点在する。このような全体の構図が描ける。それは、開港場となり、近代港町として発展する神戸の原風景でもある（図2-11）。現在神戸の市街地に飲み込まれるかたちで鎮座する生田神社の創建は、西暦二〇一年である。このころ、神に供物を捧げる漁民が住む漁村と、航海の寄港地は一致しており、中世以降に見られる交易を中心とする港町のかたちはまだ成立していなかった。生田神社は、象徴性を船上の人たちに示すために、意図的につくらせた空間のように思えてならない。神戸は、他の多くが既存の港町に象徴軸を設けた状況と異なる。

神戸の原風景は、北を中国地方、南を四国地方の陸地が囲む、瀬戸内海という特殊事情とともに、淡路島という巨大な前島が大坂湾を入江のような環境にしているからこそ可能になった。

だが、このような砂浜に波が打ち寄せる空間形態では交易を行う港町の空間構造として適していない。神戸はその後港町として繁栄することなく、近くの兵庫津に主要舞台が移り、江戸幕府の開港場として神戸港が建設されるまで、のどかな漁村集落であり続ける。

二　聖域と象徴軸――鞆（広島県）、室津（兵庫県）、津屋崎（福岡県）

大陸との結び付きを深めながら、乱立する国々をまとめ上げ、大和朝廷の拠点を近畿に築きあげていく歴史的な流れは、港町の成立、形成のプロセスと無関係ではない。また鞆《とも》も、神功《じんぐう》皇后ゆかりの地である。沼名前神社は、二世紀末ころ神功皇后が西国へ下向する時この浦に寄泊し、海路の安全を祈った

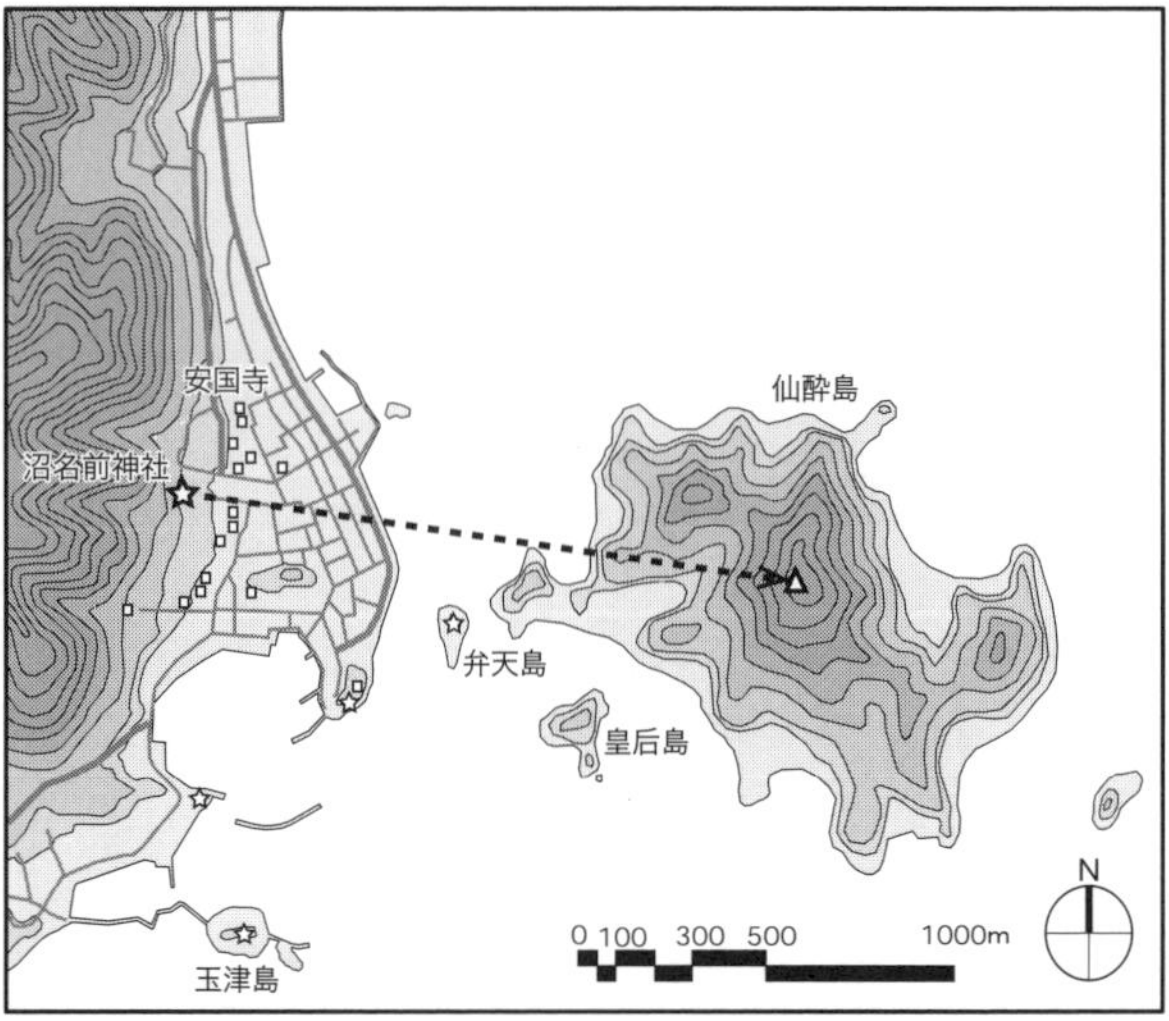

図 2-12　現在の鞆広域と仙酔島にあてられた沼名前神社参道の軸

写真 2-21　沼名前神社から仙酔島の山頂を望む

のが始まりとされる。

さらに沼名前神社の空間が興味深い。それは、この神社の参道が仙酔島（向江島）の山頂に向けられていることだ（図2-12、写真2-21）。この島は古来から人の手が加えられることのない聖域であった。この点においても、象徴的な軸を描いて見せる沼名前神社は、後に述べる宗像《むなかた》大社との共通性を持つ。神社の前面の水際近くには供物を捧げ、漁を生業としていた漁民集落があり、不定期に訪れる船の寄港地でもあった。それをより理解するためには、海水面を引き上げてみる必要がある。仙酔島など幾つかの島に守られた奥に沼名前神社があり、その前面に港町が形成されていたとわかる。

神功皇后ゆかりの港町といえば、室津もその一つにあげられる。室津は、明確に神社の参道が神聖な島にあてられていたかは定かではない。ただ、海水面を温暖であった縄文後期の約七メートルの水位まで上げた時、聖域と考えられる前島と、小さな湾の北奥にさらに小さな入江が描きだされる（図2-13）。漁民が祀る神社と聖域の島との関係がおぼろげながら見えてくる。

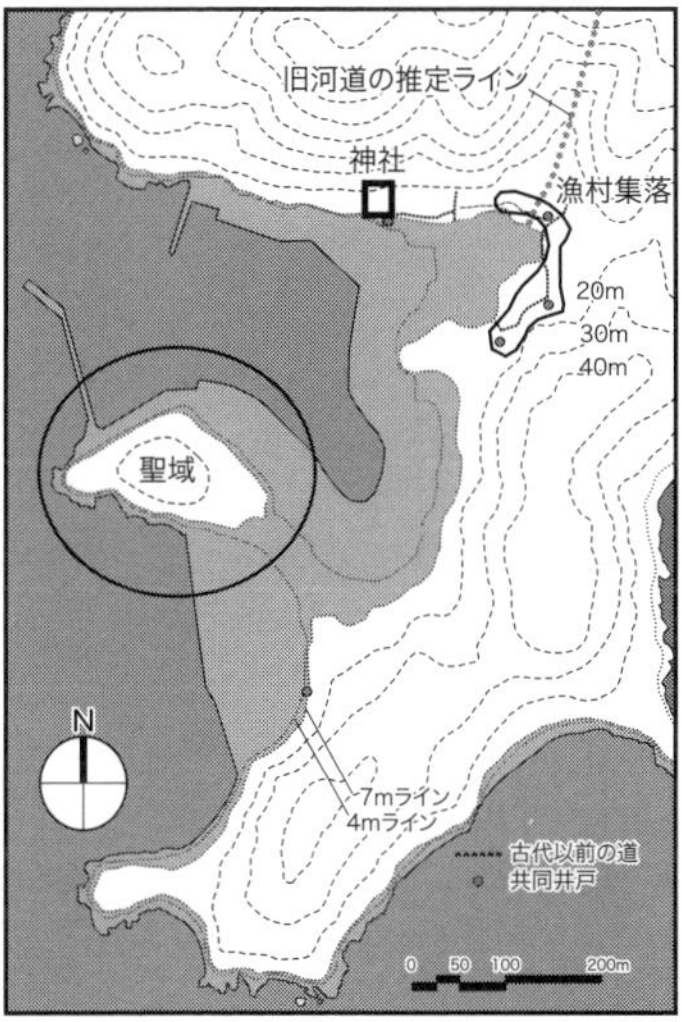

図 2-13　縄文後期の室津の地理的環境

これら港町の神社の存在を、よりドラマチックに象徴性を高めた場所が福岡県にある。それは、宗像大社を中心とした空間構成である。神社のある宗像地方一帯は古代より神郡として栄え、九州の首都的存在であった。日本最古の歴史書とされ

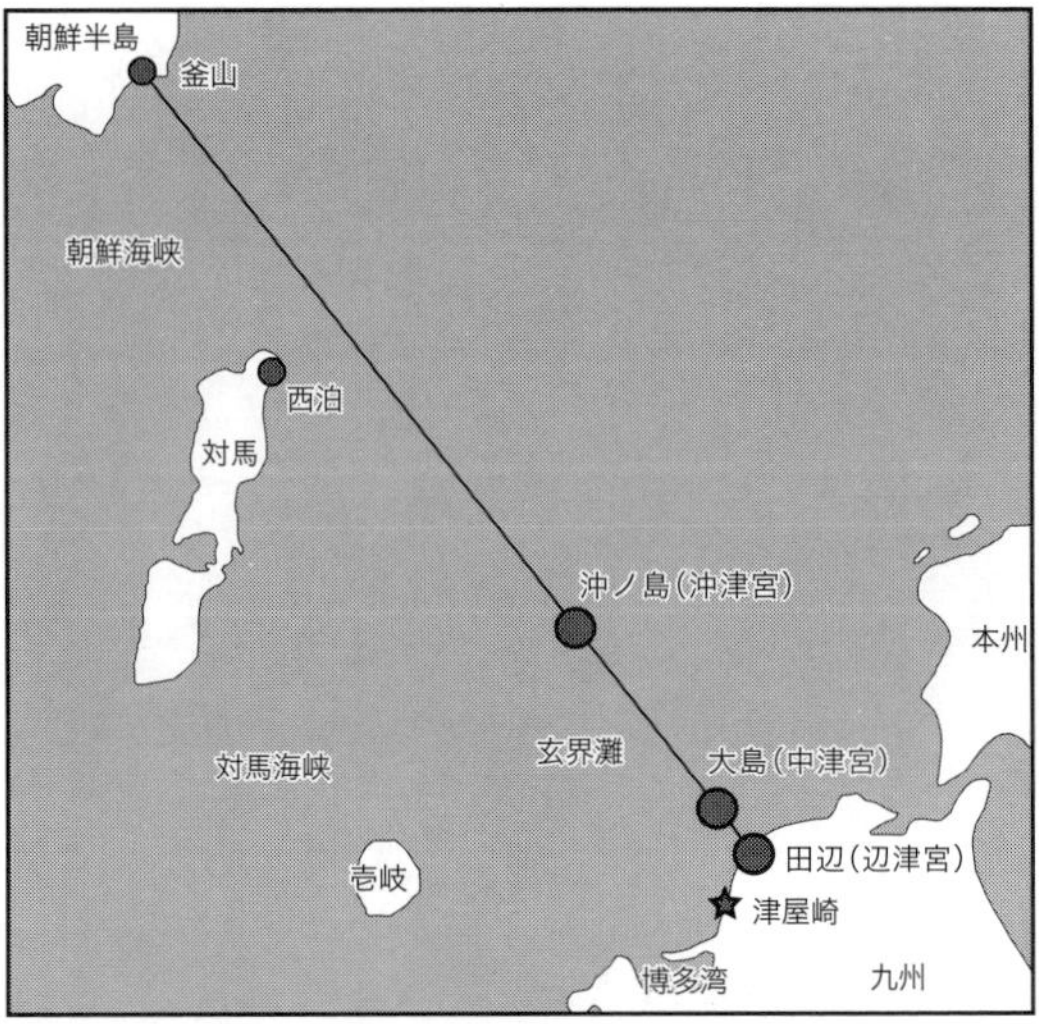

図 2-14　宗像大社の三宮の位置が重なる軸線

る『日本書紀』には、天照大神の神勅により、三女神が降りた地として宗像大社が記されている。その由来の通り、沖ノ島の沖津宮、大島の中津宮、田島の辺津宮の三つの宮によって軸が構成される。宗像大社の軸線は、沖津宮、中津宮、辺津宮の三宮を一直線上に結び、現在の韓国・釜山を指す（図2-14）。朝鮮半島から渡って来る船を出迎える象徴的な空間がつくりだされていたのだ。

III

古代から中世への変化

1　寺院が主導する港町の形成

一　二極化する漁村と港町の構図——津屋崎（福岡県）

奈良時代に入る古代後期には、古代前期に形成された港町のかたちに再び変化が起きる。神社を背景とした漁村集落が担っていた寄港地としての臨時の交易性が失われ、交易を専門とする本格的な港町の機能が分離する。その状況を宮地嶽《みやじだけ》神社を中心とした津屋崎で見ることにしたい。宮地嶽神社は、およそ西暦八〇〇年ころに宗像大社から分社し、創建された（写真3−1〜2）。それは、津屋崎の北東に広がる内海《うちうみ》を湊とし、海上交通の活動が活発化する時期と重なる（図3−1）。

七世紀は、遣唐使が派遣されるなど、大陸との交易が頻度を増してきた時期である。それ以前には、大陸から仏教という新しい宗教が流入してきてもいた。仏教がいつ日本に伝来されたかはさだかではないが、まだ日本の国が分裂状態の六世紀はじめころには仏教が日本社会に普及しはじめたといわれている。公的な仏教の伝来は、西暦五三八年（『日本書紀』では西暦五五二年）とされる。百済の聖明王の使いで訪れた使者が、欽明天皇に金銅の釈迦如来像や教典、仏具を献上した時を指す。その後、推古天皇の時代に仏教が奨励され、仏教の普及とともに寺院も全国に数多く建立されていった。これら寺院と深く結び付き、港町は独自の発展をとげていく。津屋崎では、内海に港町が成立、発展する。

写真 3-1　宮地嶽神社から海を望む

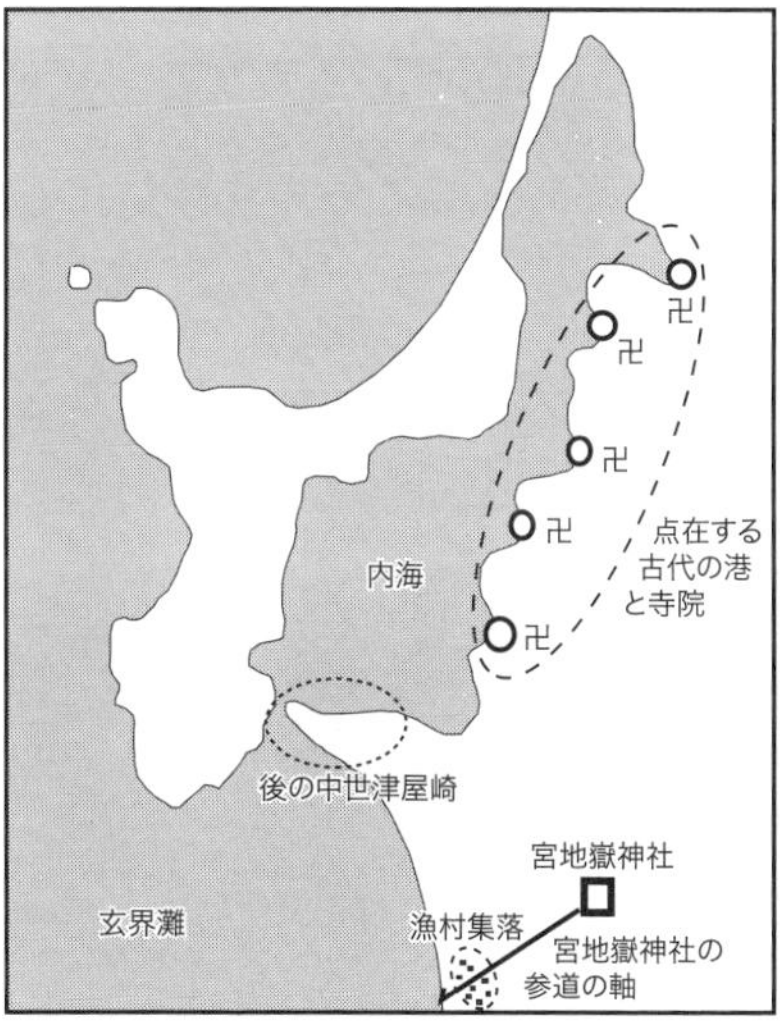

図 3-1　古代後期の津屋崎周辺の概念図

写真 3-2　山を背景にした宮地嶽神社

写真 3-3　津屋崎の内海

かつての内海の海岸線は現在陸化し、古代の遺跡が内陸に取り残されてしまった。だが、内海は規模を縮小させながらも海面を保ち、わずかとなったが現存する（図3-3）。古代後期の津屋崎では、聖域としての宮地嶽神社とその前の海辺に位置する漁村の関係の他に、寺院を背景に成立した俗域としての内海の港町が加わり、二極化する構図が描きだされる。本格化する交易に対応する場所として選ばれた港町の環境は内海であった。

舟運による物流は、日常化する。物流の拠点は、神聖な場を中心とするのではなく、寺院を背景に商業活動の場として特化する。大陸から伝来された仏教の日本における最大の役割は、高度な技術を継承させ、衰退しはじめていた神社神道を強力にサポートすることであった。だがそれだけではなく、大陸の進んだ技術を自立的に発展させる場が必要でもあった。特に港町においては、寺院が舟運という俗的な世界をバックアップするかたちで高度な技術を備えた場となった。

二　入江に成立する寺院と港町——海津（滋賀県）

江戸時代につくられた石積み護岸

津屋崎は、交易の拡大による湊の立地場所を入江となった内海《うちうみ》に求めた。これは津屋崎だけが当時特異な選択をしたわけではない。たとえば、琵琶湖河畔の海津《かいづ》、瀬戸内海にある庵治《あじ》も同様の選択を試み、港町として繁栄する。

まず、琵琶湖河畔の海津から見ていくことにしたいのだが、現在の海津に内海はない。そこで、現代との歴史的空間の接点がある江戸時代に思いを馳せよう。海津は、琵琶湖側に向けられた港町の空間の基本骨格が現状からもある程度読み取れる（図3–2）。しかしながら海津では、港町として歩んできた古代、中世と変容してきた空間の軌跡が興味深い。そのことを理解するために、まず近世の空間構造を湖側から俯瞰し、知ることから

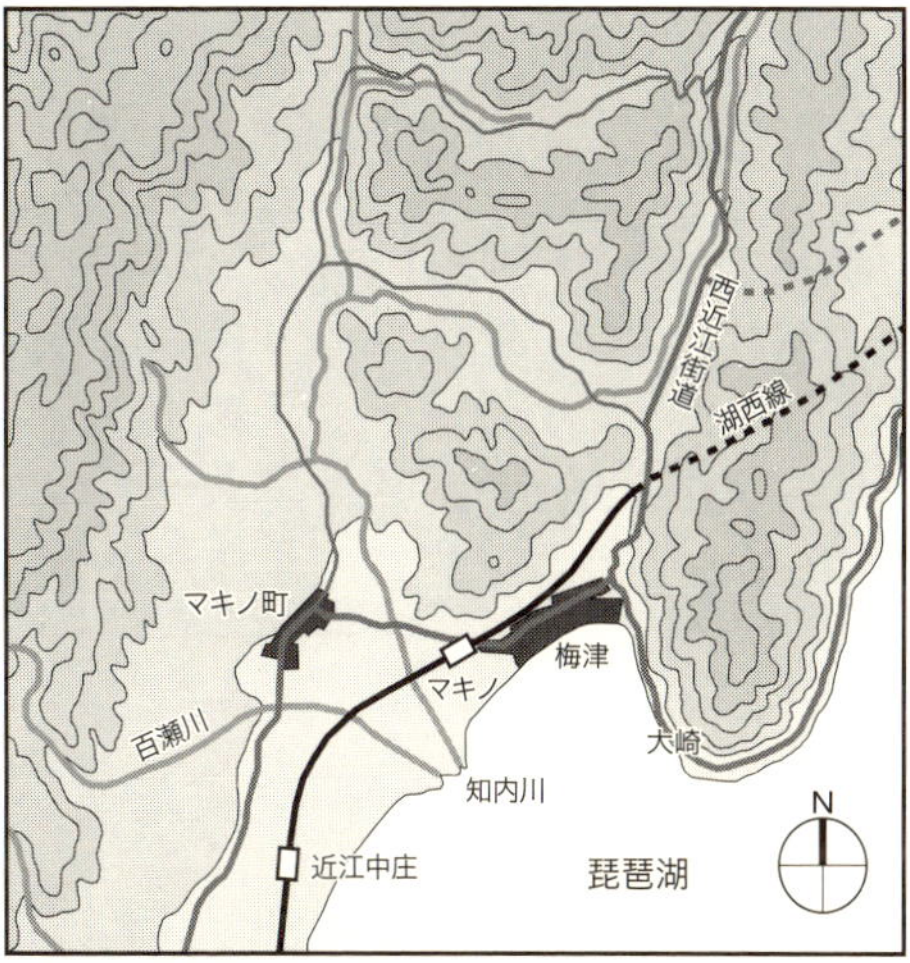

図 3–2　海津とその周辺

写真 3-4　江戸時代に築かれた石積み護岸

はじめたい。

湖岸沿いの道を走る車の窓からは、大崎を過ぎたあたりで、要塞のような石積みの護岸が遠くに見えてくる。海津を象徴するかのように、水際に築かれた湖岸浪除石垣は威風を放つ（写真3-4）。元禄十四（一七〇一）年、高島郡甲府領の代官として赴任した西与市左衛門は風波のたびに西浜の家屋被害が甚だしい状況を見かね、東浜の代官金丸又衛門と協議し、東浜六六八メートル（三六七間）、西浜四九五メートル（二七二間）にわたる護岸の大工事を行い、元禄一六（一七〇三）年に完成させた。近世の海津は、物流量の拡大と船の大型化、さらには内湖に船を入れ込む不便さが加わり、琵琶湖側の湊化が進む。そのことが琵琶湖に面した町並みの被害につながったが、石積みのおかげで以降水害がなくなったといわれている。

写真 3-5　砂州上につくられた町並み

東浜と西浜

海津は、海津天神社の参道を境に、東浜（一区〜三区）と西浜（四区）に分かれる。東浜は古くから北陸と大津を結ぶ重要な湊が成立し、宿場としても大いに栄えていた。

東浜の砂州上につくられた道は、文明十八（一四八六）年創建の正行寺がアイストップとなる（写真3–5）。安定期の室町時代から戦国の世へ転換する、正行寺の建立と同じころ、砂州の上に新たな道と市街が整備され、港町の充実が図られた。応仁の乱（一四六七〜七七年）後の京都の復興とともに、日本海を結ぶ交通路がさらに重要性を増し、多くの物資が集散したからであろう。

一方西浜は古くからの漁師町であり、現在も漁業の町であり続けている。それだけでなく、誓行寺などの寺院が密度高く分布する。寺院の数の多さから、単に漁村集落にとどまることなく、海津の繁栄により漁村集落と併存するかたちで西浜に

写真 3-6　海津天神社と，東浜と西浜を分ける参道

も港町が成立したと考えられる。それは、はじめに西浜の代官が護岸整備に奔走し、石積護岸を東浜と同等に整備したことにあらわれる。

江戸時代に入ると、徳川幕府は海津天神社参道を境に、以西の西浜を甲府藩領とし、以東の東浜を天領として直轄した（写真3-6）。だが江戸時代の古地図を見ると、中村（二区）のあたりは松平加賀守と記されており、加賀藩領の知行地であり続けた。加賀藩がこの場に固執し、天下を統一した徳川幕府が天領とした背景には、重要な物流ルートに位置する港町・海津の存在価値の高さがうかがわれる。港町繁栄の証《あかし》のように、加賀藩の領地が徳川家の天領に挟まれて立地するなど、海津には領主の異なる複数の湊が存在した。この港町が江戸時代にも重要視され続けていたとわかる。

天領となる東浜の一区は、港町として特に発展した。琵琶湖に築かれた石積み護岸には、所々に階段が設けられた。湖に直接面していない土地か

写真 3-7　湖から町中に抜ける道

らも河岸に出られるように、階段まで砂州上の道に通じる細い通路が何本か抜けている（写真3-7）。他にも、湖に面する土地には専用の階段が設けられ、直接湖に降りることができた。大量の物資の荷捌《さば》きを可能にする工夫が護岸になされ、港町発展に向けた意気込みが感じられる。

砂州上の道の両側は、商いの場となる店が並び、町並みを形成する。両側の敷地は、ほぼ同じパターンで、店の奥に商品を加工するスペースと居住の場が取られ、蔵が中ほどに置かれた。砂州上の道からは、さらに内陸側へ道が延び、両側に並ぶ建物には船を操る船頭、あるいは職人が住まっていた。その奥にある内湖側の土地は現在水田であるが、江戸時代「湯女子《ゆなご》町」と呼ばれ、花街があったといわれる。

中世以前の港町の原像

このように町並みの断面を連続的に切って見て

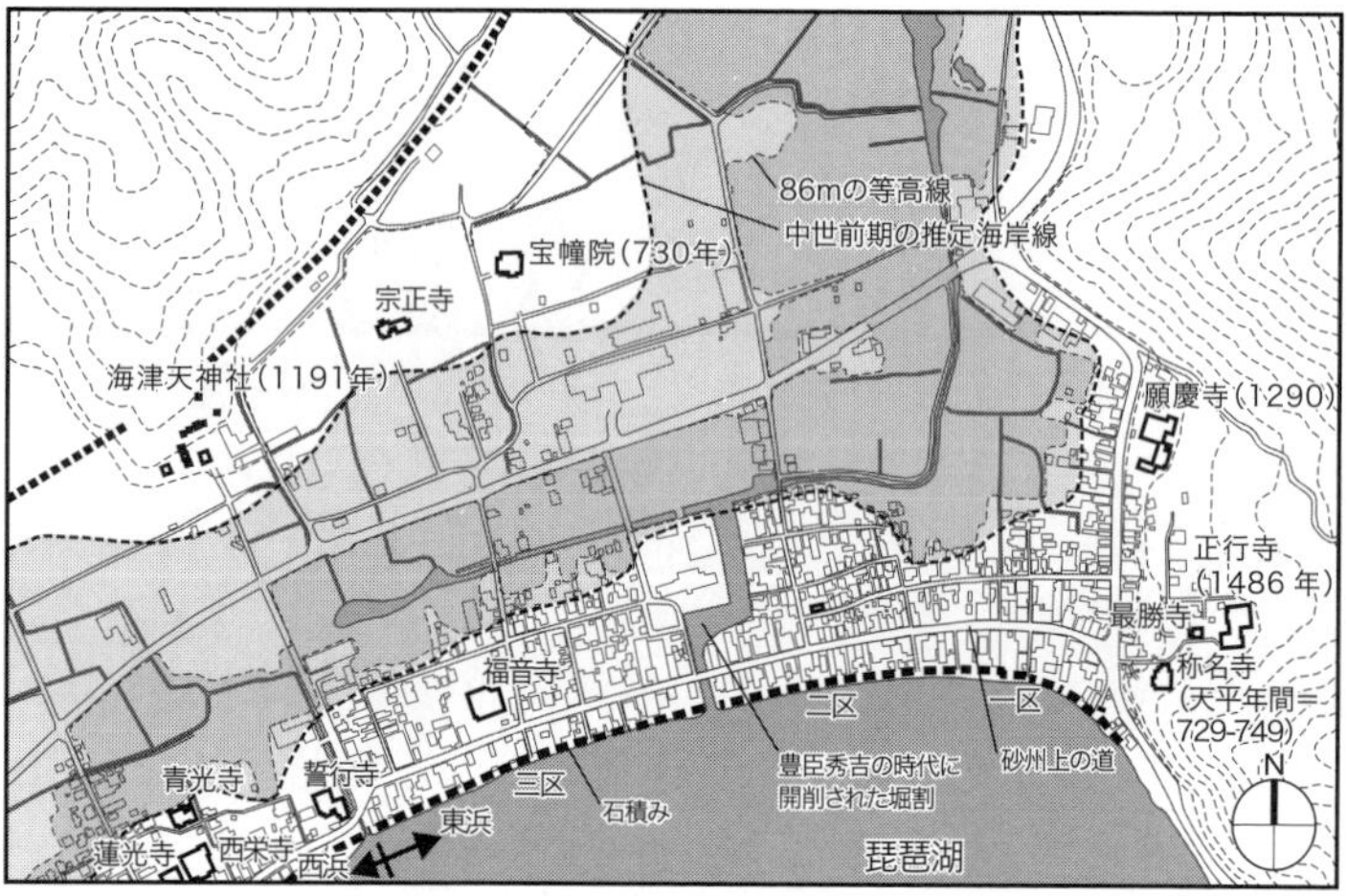

図 3-3　海津の現在の建物配置と中世前期の推定水際線

くると、琵琶湖側に向けられた港町の空間の基本骨格が現状からある程度読み取れるとしても、江戸時代に至る以前の海津がどのような全体構造であったのかはまだはっきりしない。ただ、琵琶湖を砂州で隔てた内湖を中心にそれを取り巻くように建立された中世以前の寺院分布から、初期段階の湊は内湖全域に点在していたと考えられる（図3-3）。

海津の開港は明確ではない。史料からは、藤原仲実（天喜五＝一〇五七年〜元永元＝一一一八年）が越前守に任ぜられ、海津に立ち寄った時「かいつの里」という言葉の入った歌が詠まれ、このころに海津の湊が発展し始めたとされる。だが寺院の創建年代を見ると、称名寺が天平年間（七二九〜七四九年）、宝幢院が七三〇年であり、平安京（京都）に遷都（延暦十三＝七九四年）する以前から海津が港町であった可能性もうかがわせる。

半島状の砂州にある西浜では、福善寺など天台

写真 3-8　豊臣秀吉の時代に整備された入堀

宗の寺院が十二世紀に寺町を形成する。舟運による海津との深い結びつきは、大津や湖西の今津であり、それらの船が知内川河口から内湖に導かれた。琵琶湖に出る距離は西浜が最も近く、優位な場所に位置する。一方の東浜は、湖との距離が長くなり不利だが、西近江街道を使って敦賀に至るには最短の場所にあり、土地も西浜より安定している。

中村と中小路との間に掘割が掘り込まれ、東浜の置かれた地理的条件の不利さを大きく改善する動きがあった。それは、豊臣秀吉の時代、秀吉の小姓から五万石の越前敦賀の城主となった大谷吉隆（一五五九〜一六〇〇年）によってなされる（写真3-8）。以来海津は大津に次ぐ大きな湊として発展した。吉隆は敦賀の豪商にも人望が厚く、敦賀の繁栄を願っての試みであったと想像される。掘割の開削に向わせた行動は、東浜側の内湖が港町としての都市機能をすでに充分備えていた有利

写真 3-9　田園となったかつての内湖

写真 3-10　願慶寺前の溜め池

さを利用したものである。

内湖が湊化する最大のメリットは、風雨などの自然の変化に比較的対応し得る環境である。だが水深の浅い内湖であることから、水を集め、船が常に行き来できる運河整備も常に行われ続けたはずである。その時、古代から中世前半に湊として繁栄した内湖の北側が田園として陸化し、宝幢院などの寺院が現在の場所に取り残された（写真3―9）。ただ驚くことに、丘陵の西斜面に位置する願慶寺前には、今も溜め池があり、かつて内湖であった面影をわずかながらしのばせる（写真3―10）。

海津は、古代から、中世、近世に至る港町の変容プロセスが現状の都市空間に刻み込まれている。地理的条件から、琵琶湖と内湖を隔てる半島状に突き出た砂州と、内湖は、海津が良好な湊機能を備え、時代の変貌にも耐える港町として成熟していく上での重要な基本条件であった。地理的条件、現状の寺社の配置や町の空間構成、歴史的史実をより総合的に組み合わせて考察を深めれば、琵琶湖湖北の港町の空間的な魅力はさらに浮き上がるはずである。

三　内海からの出発――庵治（香川県）

寺院配置の不思議

いま一つ、入江状の内海《うちうみ》から出発した港町が庵治《あじ》である。庵治は、空海の名で知られる弘法大師（宝亀五＝七七四年～承和二＝八三一年）が生きた時代、海から奥に入った場所に溜め池をつくり、農耕を中心とした農村集落が形成されていた（図3―4）。庵治にあるすべての神社は桜八幡神社の摂社、末社であり、庵治のほぼ中央に位置するこの神社は奈良時代以前からすでにあったといわれる（写真3―11）。庵治は南東側で比較的良質の水が得られたことから、桜八幡神社を中心に農耕によって生計を立てる人たちの長い歴史が刻まれてきた。一方、現在湊のある北西方面に行くにしたがい、塩分が混じる地下水となる。農耕にも、生活にも不利な土地条件となるが、そこに中世から近世へと港町の長い歴史が展開する（図3―5）。

桜八幡神社から、海に向かう古道沿いには、真言宗の願成寺（創建弘仁五＝八一四年）と、創建不明

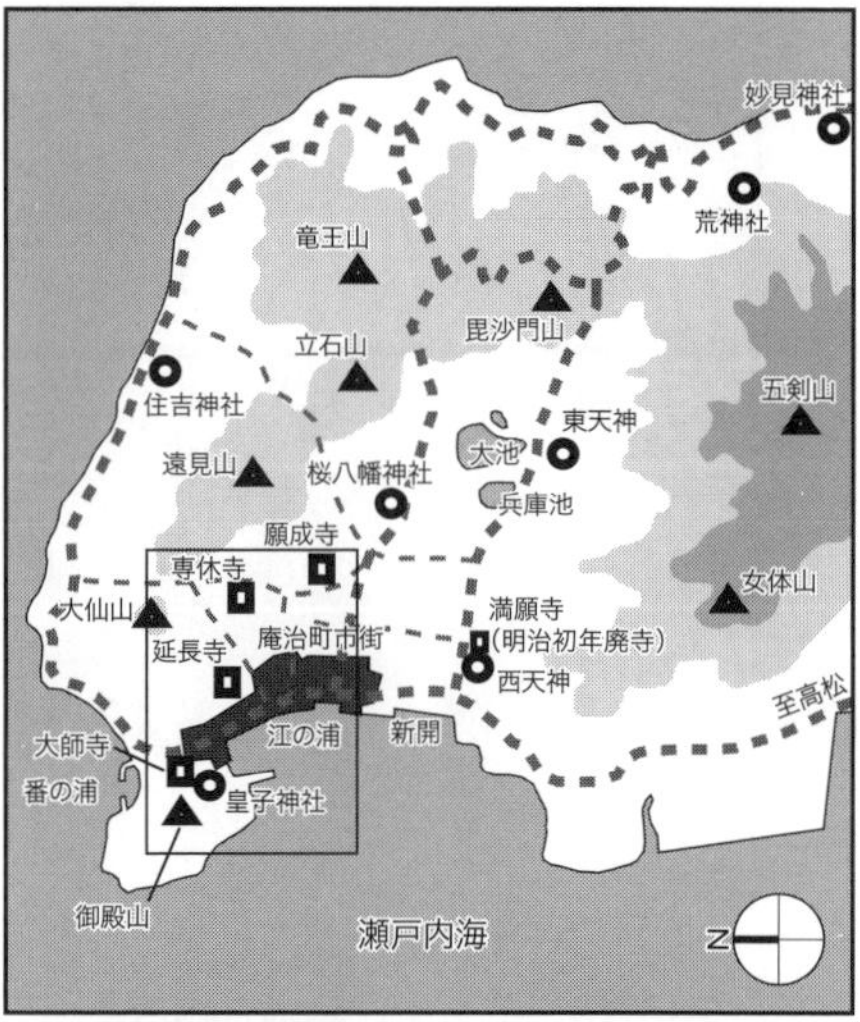

図 3-4　庵治町全体図

写真 3-11　桜八幡神社

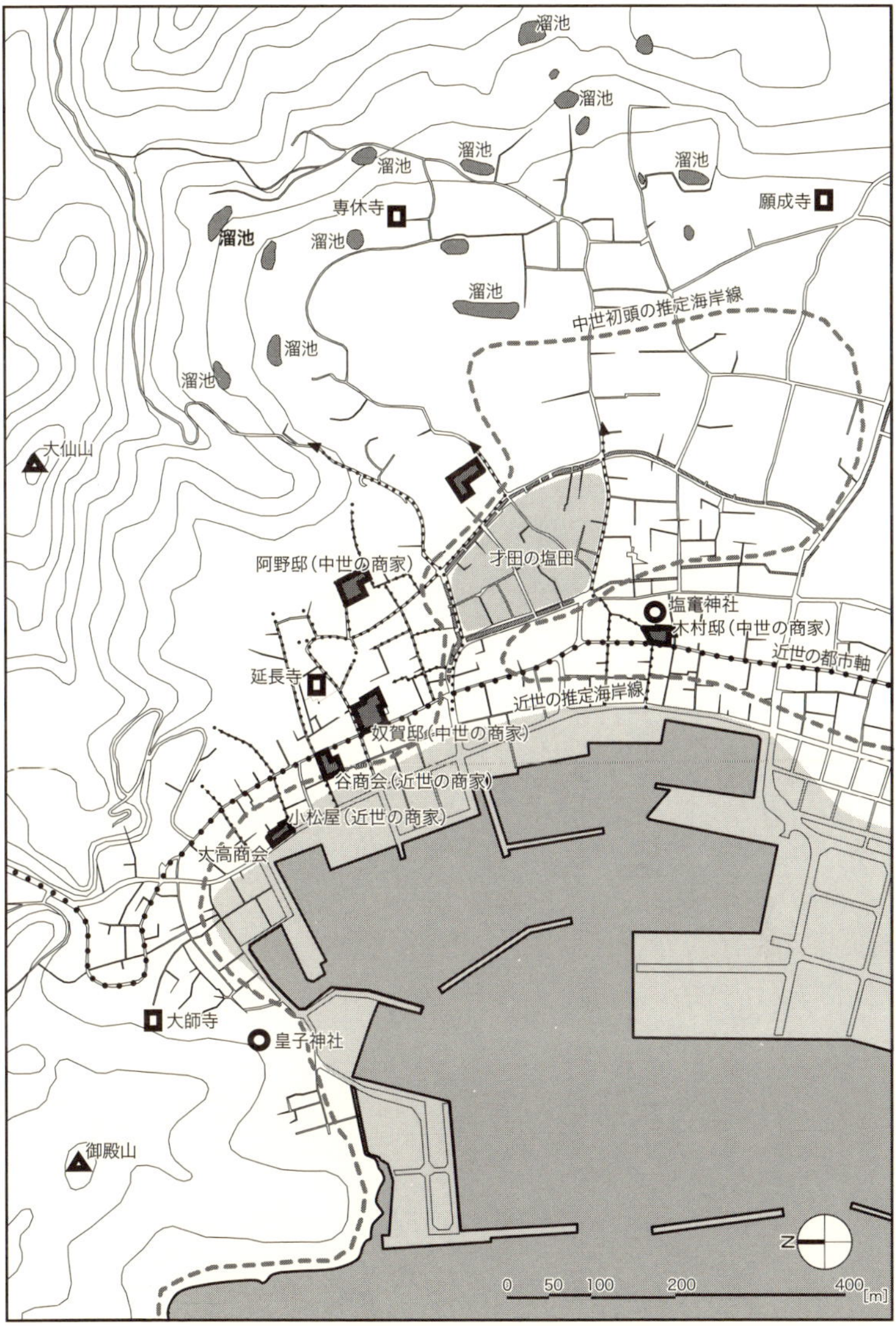

図 3-5　庵治の都市構成と海岸線の変化（中世初頭と近世は推定）

写真 3-12　かつて内海であったと考えられる庵治の田園地帯

だが、九世紀には創建されたとされる専休寺といった平安初期からの古社が水田を見守るように現在も北側の斜面地に建つ。水田の標高は海面とそれほど変わらない。数百年の歳月が中世以前の入江から、水田の風景に変化させてきた歴史が潜む（写真3-12）。

現在の庵治には、廃寺となった寺院が多く、満願寺を加えて四ヶ寺と少ない。それは、十六世紀後半に長蘇我部の兵によって十数ヶ寺あったという寺院すべてが焼かれ、その後多くが再興せずに廃寺となったからだ。

農耕集落だけでは考えにくい寺院の数と、その後再興した四つの寺院が内海となっていた入江沿いに限定されたことに興味を引かれる。古くは、水田地帯にまで潮が上がり、入江が広がっており、それに沿って寺院を核にした港町の前身、船を操る人たちの集落が散在していた可能性をうかがわせるからだ。

写真 3-13　延長寺門前の旧道

現在に潜む内海の時代の痕跡

その後の近世には、入江が才田と呼ばれる塩入の塩田となる。現在も残る人工的な二筋の川が海から海水を取り入れる塩入川となり、塩田に海水を溜めて塩を採っていた。塩田は海水が流れ込むほどの低い土地であったから、そのような方法が可能であった。塩田跡と海とに挟まれた微高地には、現在も塩田跡を見下ろす位置に塩の神様を祀る塩竈神社が建つ。その脇には廻船で財をなした旧家・木村家の屋敷がある。近くの南斜面には満願寺があった。残りの三ヶ寺も含め、再興した中世以前の寺院は、いずれも中世初頭の入江の推定海岸線を囲むように配置されており、寺院を核とした中世港町の存在が見えてくる。

中世以前の港町は、海からの自然災害から身を守るように、入江に湊をつくり、微高地には集落の核となる寺院と旧家が点在する。それらを結ぶイレギュラーな狭い道が通され、道沿いに町並みが形成された。今日の庵治で、このような中世港町の空間構造をよく残す場所が延長寺周辺である。

延長寺は、長蘇我部の兵乱以降、天台宗から真言宗に変わるが、天台宗時代から海や舟運の神様である弁財天が祀られ、中世に遡る。しかも、延長寺の本殿は現在の港の方ではなく、入江に正面を向けて立地する（写真3−13）。また、イレギュラーな狭い道は中世集落から海に向い何本も通り抜けているが、このような道ばかりではない。入江に向って通された道も現在確認できる。寺院の向きが海でなく、入江に向いていることを考え合わせると、かつては入江側にある湊に通じる道だけがあり、その後海側の湊の発展とともに、海側に通じる道も次第に整備されていき、入江側の道の存在が次第に薄らいでいった経緯がわかってくる。

2 外に開かれた中世港町のかたち

一 新規開発の中世港町——津屋崎

神社を核とした漁村と寺院を核とした港町

仏教伝来を経た以降、内海を基本とした古代の港町の空間構造を大きく変化させる時代が来る。それは、日宋貿易で巨万の富を貯えた平清盛に象徴される十二世紀から十三世紀にかけてである。それを空間として象徴的に表現した場所が津屋崎である。

写真 3-14　波折神社とその参道

津屋崎は、交易の効率化と、都市化した港町を支える漁民集団を一ヶ所に集めた。「津屋崎千軒」と呼ばれた中世港町に、波折神社が承久三（一二二一）年に鎮座し、その前面に漁村集落を配した（写真3-14）。この神社の軸線は古代からの重要な泊（寄港地）であった志賀島に当てられた。ここには古代からの象徴軸をつくる考えが生きていた。また福岡の寺院で最も古い部類に入る教安寺も、内海に展開する港町にあったが、波折神社からおよそ十年遅れた安貞三（一二三一）年に移り、その前面が湊となった。漁村と港町が再び一体化し、中世港町が成立する（図3-6、写真3-15）。

現在の津屋崎は、神社と寺院が核となり、一つのまとまりのある都市空間をつくりだす状況がよくわかる。しかし江戸時代に港町のピークを迎える津屋崎は、近世の都市計画の手が多分に入り、海に通じる縦軸と、同業種を結ぶ横軸で構成され

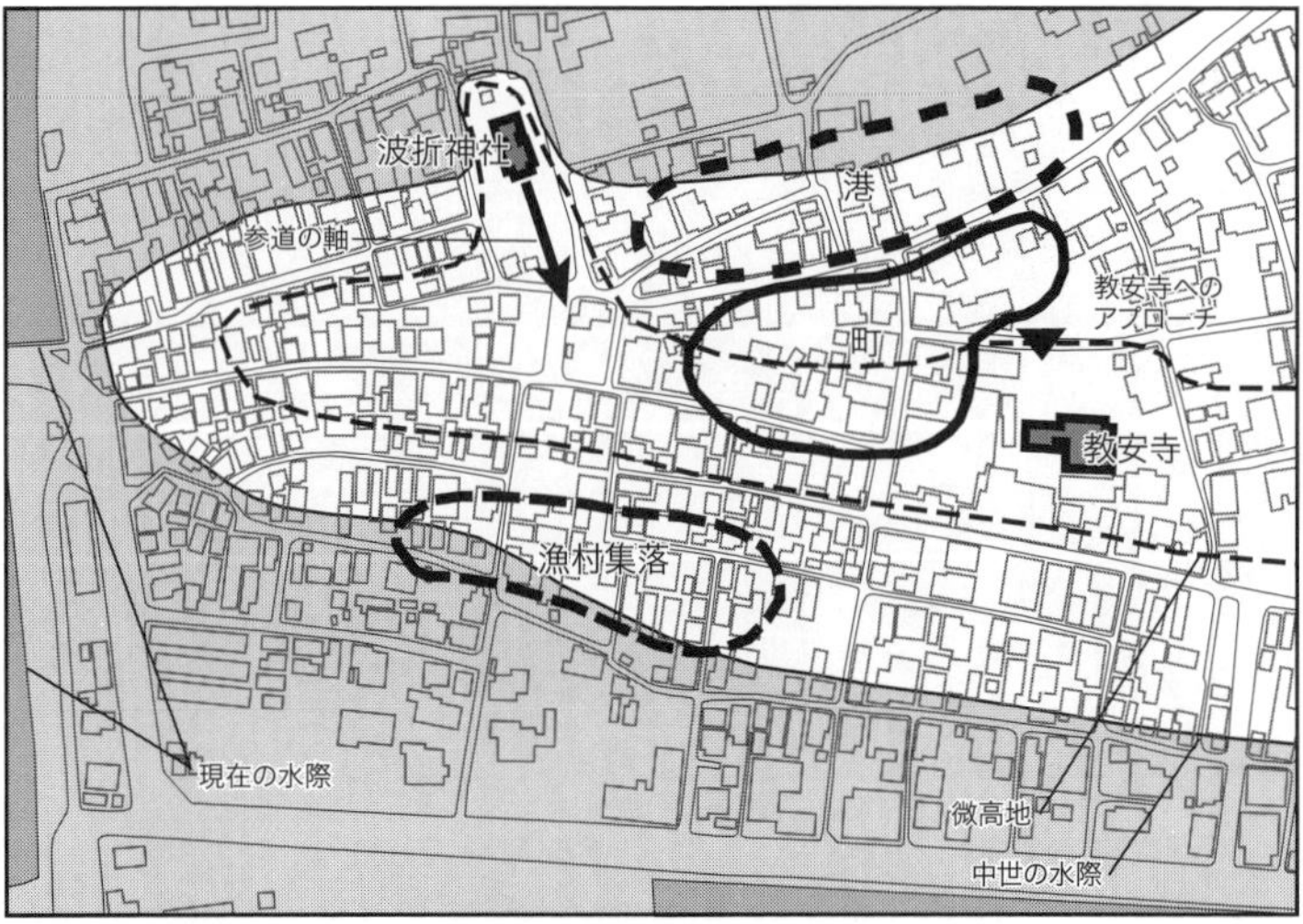

図 3-6　津屋崎における中世港町の概念イメージ図

写真 3-15　教安寺

写真 3-16　漁村と港町の境界に整備された都市軸となる新しい道

るグリッド状の近世港町の構造に変化してしまう。日本では、戦国時代から江戸時代初頭にかけて計画的に近世城下町が形成され、中世港町も舟運による繁栄に伴い、空間構造を大きく変える。そのために、現状の津屋崎から中世の港町の構造を明快に浮き上がらせることは難しい。ただ、微高地だが山なりの開放的空間をつくりだした構造には変化がなかった。そのことは、内海と外海の境界に成立した微高地が環境面の特色といえる。

近世に再編された港町

近世に入り、交易で巨額の富を生みだしはじめた港町は、寺社参道の軸沿いと前面の水際に止まらず、水際に沿って線的に港のエリアを拡大させる。また、湊の背後にも商人や職人のエリアを配する。海から少し内側に、海岸線と並行して道を通し、その両側には短冊状に割られた敷地を連続させる。これが近世港町をつくりだす基本的な都市構造である。海に向って垂直の軸を強調してきた中世以前と比べ、水平の軸が加わることで、港町が面的な広がりを持つようになる。

近世の津屋崎も水際に湊、その奥に廻船問屋などの商業空間を置き、面的な空間をかたちづくる。戦国時代から近世初頭にかけて成立した港町は、海へ向かう神社の象徴的な軸線をやわらげながら、寺院の参道の軸性が強調され、港町全体の構造が形成されていく。そして、津屋崎では漁村と港町の境界に新たな軸となる道が通された（写真3–16）。

二　工業地帯に宿る中世の原型——若松（福岡県）

千数百年の歴史を誇る若松恵比寿神社

津屋崎でみてきたわずかに盛り上がった微高地の尾根を境に、別々の参道軸の方向を示しながら神社と寺院が港町として一体化する構造は、工業地帯となった北九州の若松でも確認することができる。若松恵比須神社は、千数百年の歴史を誇り、鎮座した時代としては宮地嶽神社の創建とほぼ重なる。これまで若松の初期の空間構造は明らかにされていないが、かつて若松恵比須神社の鳥居が玄界灘の外海に向けられ、吉祥禅寺の参道が今も洞海湾の内海に向けられている（図3–7〜8、写真3–17〜18）。この若松の都市構造も、津屋崎同様寺社の基本配置とは別に、近世に大きく変化してしまった。その変化は、近世的なグリッド状の道の骨格と短冊状の町割りが物語る。

さらには、近代に入り、筑豊で掘り出された石炭を鉄道で運んだ先が若松であること、あるいは洞海

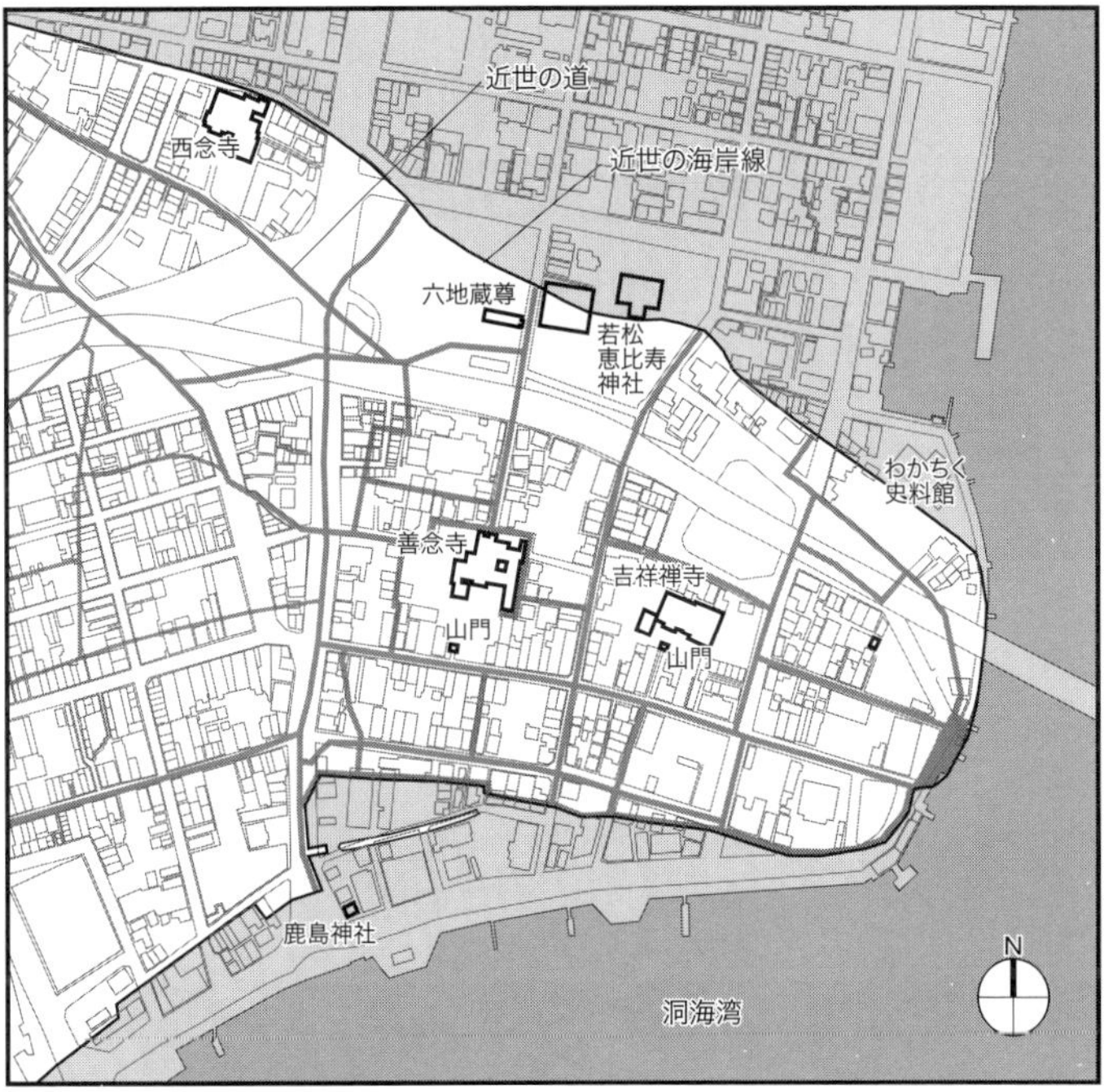

図 3-7　若松の都市空間構造

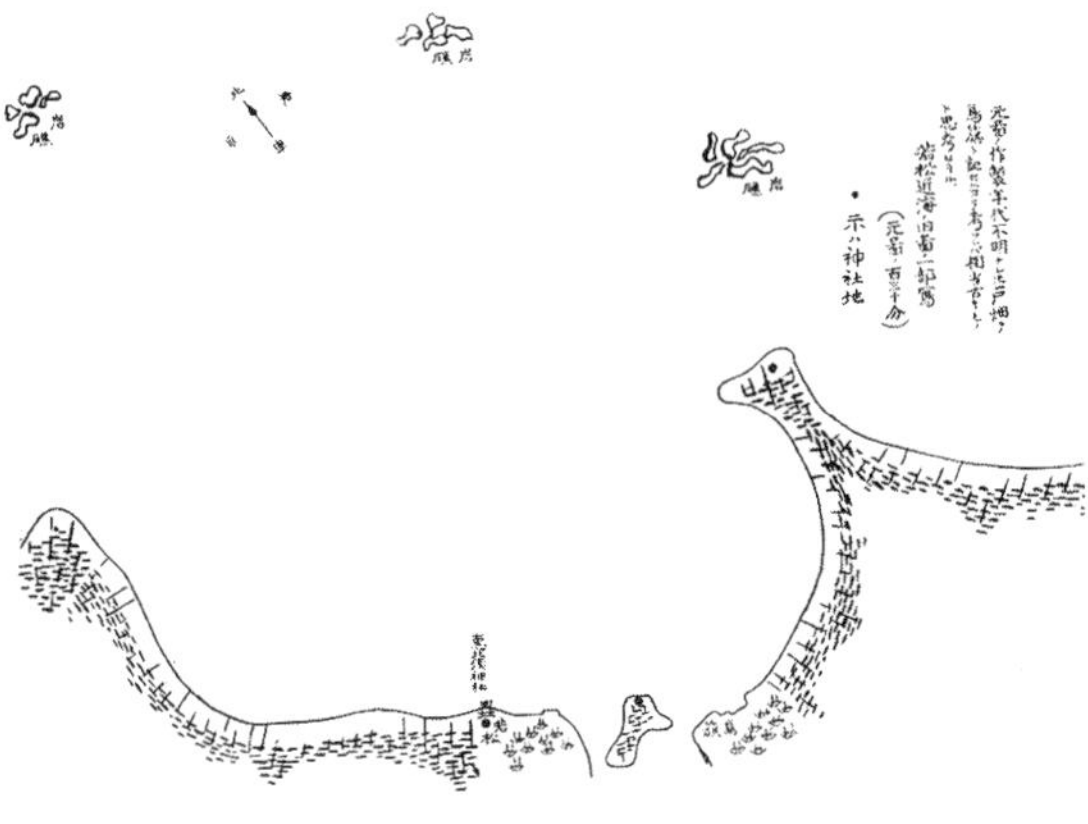

図 3-8　若松恵比須神社の位置を示した絵図（作成年代不明．ただし年代はかなり古い．『若松恵比須神社一千年史』若松恵比須神社々務所，1958 年より）

湾を挟んだ南側に日本最大の製鉄所、八幡製鉄がつくられたこと、その他に若戸大橋の架橋も若松のその後の変化と関係する。したがって、教科書で馴染みがあるわりに、若松の都市空間のイメージがほとんど思い描けないのも確かだ。若松は、近代日本を牽引した産業の中心であり、人々が営

写真 3-17　外海に向けられた若松恵比須神社の鳥居（明治 6 年撮影．『若松恵比須神社一千年史』若松恵比須神社々務所，1958 年より）

写真 3-18　海に背を向ける現在の若松恵比須神社

んできた歴史や風土、それに培われた文化が近代の猛烈な産業化で、過去の全ての風景を消し去ってしまったかに思える。

港町としての原風景

歴史的空間がすべて飲み込まれたかに見える近代産業の象徴の場、若松を訪れてみると、風光明媚な場所に思いがけず出合う。古くから、父なる高塔山、母なる洞海湾と若松ではいわれてきた。公園となっている高塔山の展望台に登ると、若松の市街、洞海湾や響灘が一望できる（写真3−19）。若戸大橋の右側に目をやると、海面に突き出すように周辺よりほんの僅かに盛り上がった土地がある。その土地の洞海湾に面したあたり、若戸大橋から若松駅にかけては、水際に沿う道路を少し拡幅し、近代埠頭を整備しただけで、近代以降に埋め立てがほとんどされてこなかった。

外海の響灘に面した海岸線は、波が荒く、入江

写真 3−19　高塔山から若松市街を望む

写真 3–20　善念寺の参道と山門

や前島があればともかく、湊を整備するには不向きである。これまで日本各地の港町の形成過程を調査してきてわかったことだが、七、八世紀あたりから、内海や入江に湊をつくる傾向が目立ちはじめる。同様の地理的環境は、先の福岡県の津屋崎、琵琶湖の海津があげられる。瀬戸内海では庵治や鞆が入江に初期段階の港機能を集中させてきた。若松でも、このような原風景ともいえる古い港町の構造が読み取れる。

近世以前の都市構造が今も息づく

本町と呼ばれるあたりが、歴史的に若松の中枢であり続けた場所である。周辺の埋立地よりも高く、微高地にわずかな高低差の背をつくる稜線が東西に通り、南に向って寺院が顔を向ける（写真3–20～21）。吉祥禅寺などの寺院が洞海湾に参道を設けているのに対し、千年の歴史を誇る若松恵比寿神社は逆に響灘に向けて鳥居を置いた。

写真 3-21　洞海湾に向けて延ばされた吉祥禅寺の参道

内海を商港にし、外海に向けて象徴性を示す空間配置は、古代から中世に転化する時代に描きだされた港町の典型である。近世に碁盤目状に整えられたが、基本は変わっていない。近代に大変貌した若松だが、その際、近世以前の構造を受け入れたことはさらに興味深い。最も核心部分の本町は中世の味を残し、近世の香りを漂わせる。その上に近代建築が新たに加わり、都市空間を表現したのだ。

3　内に閉ざされた中世港町のかたち

一　凹地に潜むラビリンス空間――真鶴（神奈川県）

津屋崎や若松に見られた外に開かれた中世港町のかたちに対し、一方に異なる空間のつくり方がある。初期漁村を核とした港町の変化は、もっと内にこもった環境をつくりだす。このような港町は、小さな湾があるとはいえ、内海を経ずに外海と直接結び付いた、より厳しい自然の環境に成立する。不利な条

写真 3–22　山側から見た真鶴の市街と馬てい形の湾

件を克服した、生活空間をつくりだす工夫があった。佐渡の宿根木のように、凹地に集落を形成する空間構造は、必然的に誕生したものと考えられる。そのような空間構造は太平洋側にもみられる。それは、中世の空間構造をよく残す港町・真鶴である。真鶴は、地理的環境の違いから、津屋崎とは異なり、神社を核に、より内に向いて集住する空間形態を模索する。

真鶴は、馬てい形の湾に山が迫る自然地形に成立した（写真3–22）。自然の制約が強く加わることで、自然に即した中世のイレギュラーな空間が現在も感じ取れる。現状の真鶴には、近世や近代、戦後に整備された道が入り込むが、それらを一つ一つ消していくことで、中世港町の姿を描きだせる極めて稀な都市空間といえる（図3–9）。

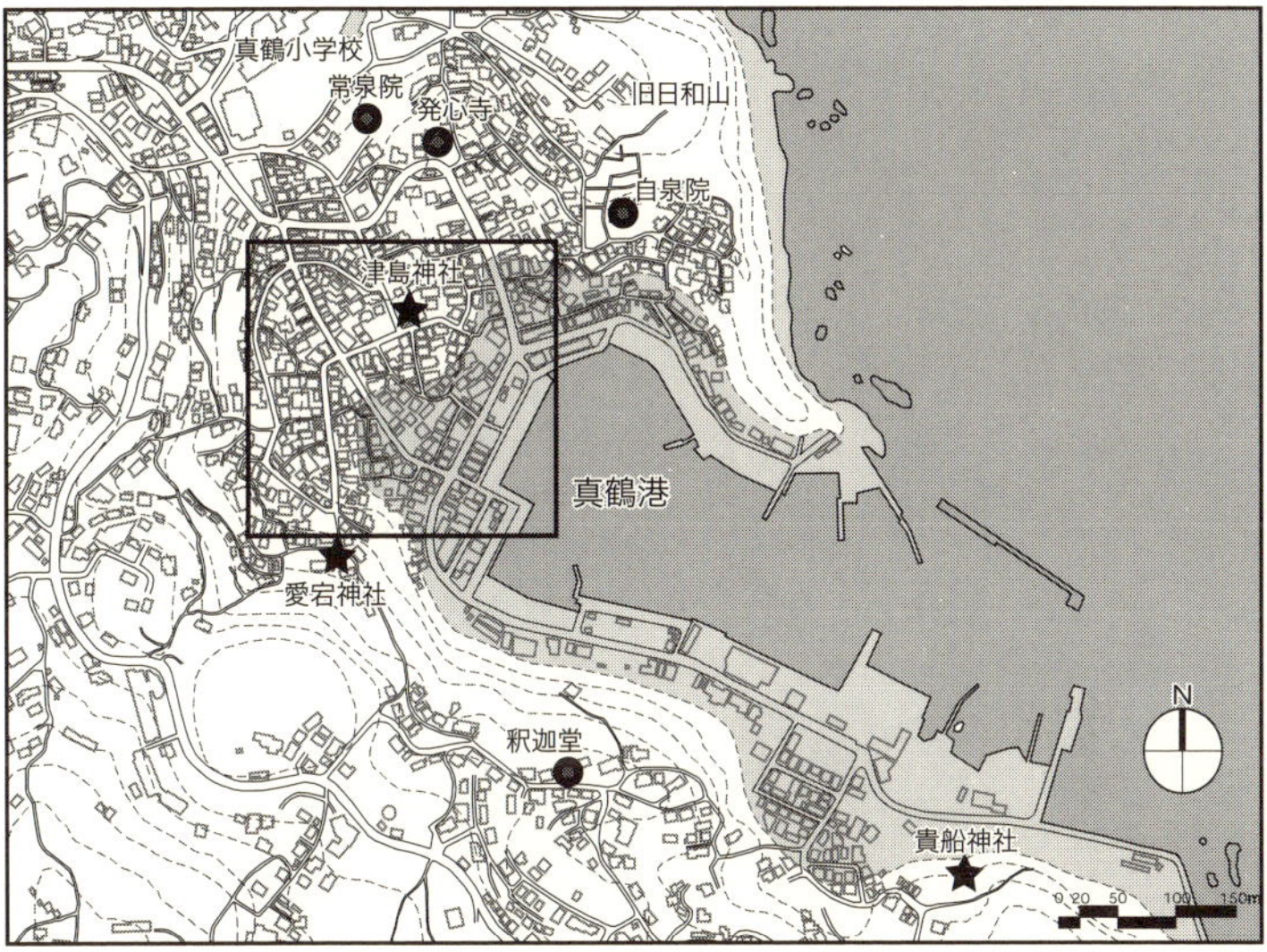

図 3-9　真鶴の現在の街路構造と古代の推定海水面

地形と寺社の配置

真鶴の地形は馬てい形に湾曲した水際線、その小さな湾に沿い、内陸に向って等高線が描ける。ただ、きれいに弧を描いているわけではない。津島神社のあたりが海側へ迫り出し、両側が少し歪む。また、海抜四～五メートルのあたりが急な斜面となり、そのあたりに多くの石垣が築かれた。水位が現在より二～三メートル高かった鎌倉時代初期は、このラインが水際線であった。当初石垣ではなかったとしても、これらの斜面が防波堤の役割を果たしていたと考えられる。

このような地形条件の上に、寺社と市街が立地する。西暦八八九年に創建された貴船神社が市街地から離れている他は、創建が鎌倉時代とされる津島神社など、比較的街並みに同化するように場所を占める。多くの寺院は眺望のよい場所を選び、そこからの見晴しは素晴らしい。

写真 3-23　湾側から見た真鶴の町並み

写真 3-24　港側からアイストップとなる発心寺

海上からも寺の屋根が確認できる（写真3–23）。現存する寺院、発心寺（一五五五年）、西念寺（一五七三年）、自泉院（一五八二年）はいずれも戦国時代後期、安土桃山時代に建立された（写真3–24）。

現在の津島神社は、街並みに埋没しているかに見える。だが、ここもまた小さな岬状の上に位置することから、かつては背後にあったはずの鎮守の杜とセットになり、シンボリックな景観をつく

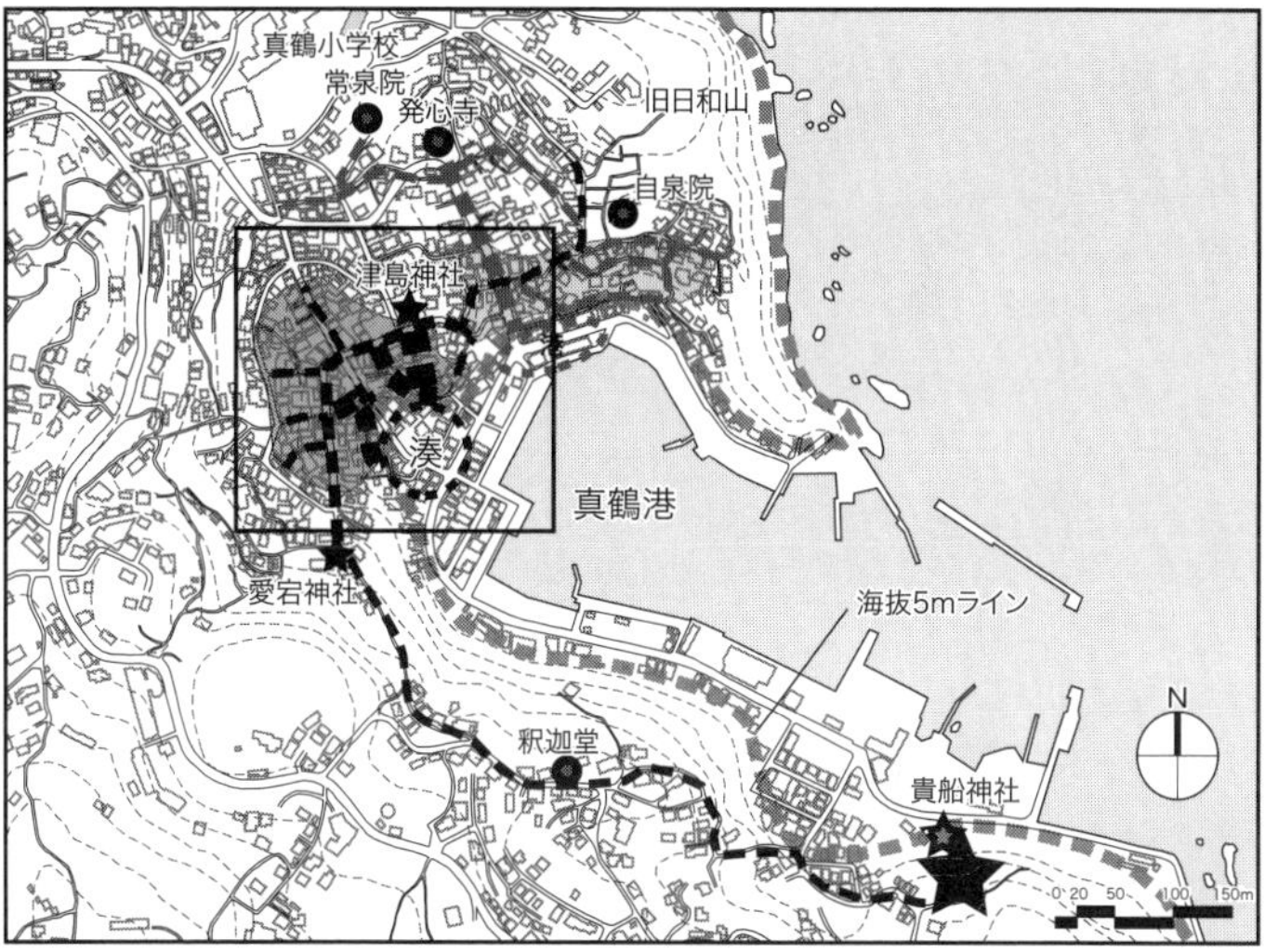

図 3-10　戦国時代の二極構造（ベース地図は現在の真鶴の街並みと地形）

りだしていたはずである。真鶴は、津島神社と、かつて背後にあった森をランドマークとしながら、海からの来訪者を意識した港町であったと想像される。

戦国時代に成立した二極構造

真鶴の街中を何度か歩いているうちに、地形の使い方が異なる二つの歴史的なエリアで構成されていることに気付く（図3-10）。そのエリアは、津島神社を境に、以東と以西にある。

津島神社以東のエリアは、三つの寺院と、その前面に位置する市街で構成される。このエリアの道は、高低差があるもののそれぞれをネットワーク化した、比較的明快な都市構造である。湾に面しては、ひな壇状に層をなして市街地が形成された。石垣や建築工法など、自然環境の猛威をある程度クリアし得た時代に空間が整えられはじめたと考えてよさそうだ。

これらの背後には石切り場がある。石の需要が拡大し、湊との結びつきを強くする中で、石をふんだんに使い、このエリアの基本的な骨格が整えられた。かつて産業をバックアップした寺院は建物自体が海からの象徴性を意識する。発心寺は海からの参道となる軸の奥、アイストップの位置に本堂を立地させた。しかも寺院だけでなく、このあたりの建物は海からはっきりと見える。

津島神社以東のエリアは、斜面に建物が建つことから、勾配に影響されて少しイレギュラーな道の構造になっているものの、斜面の上から海に向う軸と水際に沿って平行な軸、この二つの道によりグリッド状の骨格をつくりだそうとする意図が感じられる。このエリアが整備された時期は、津島神社以東に寺院が急速に立地する一六世紀中ごろ、近世港町の都市計画が試みられはじめた時代である。津島神社以東のエリアは、どの家も光をいっぱいに浴び、心地よい風がそよぐ。眺望と抜ける風は多くの人たちが納得する真鶴らしさだ。これが真鶴の風景となる。

原風景への誘い

いま一つのエリアは、津島神社以西の窪地に成立した。津島神社以東と趣を異にするエリアだが、最初に真鶴を訪れた時に最も心引かれた。地籍図に示されている枝番をすべて元の一筆に戻した時、真鶴の原風景があぶりだされる（図3-11）。

真鶴には階段が多い。これは、多くの場合、以前にはなかった道と道をつなぐ仕組みを誕生させたものである（写真3-25）。真鶴の特徴的な道の構造はもともと袋小路であり、土地はその道を中心に一つの単位をつくりだした。わかりづらい空間構造のように感じてしまうが、個々の敷地からは中心部へ、あるいは港へとスムーズにたどり着ける。敷地へアプローチする上でも、ある程度の平等性が保たれていた。このように見てくると、階段をつくらない仕組みは真鶴の原風景を描きだす要因の一つであるといえる。

津島神社以西のエリアは、異なる三つの道で基本骨格が構成されている（図3-12）。一つは、津島神

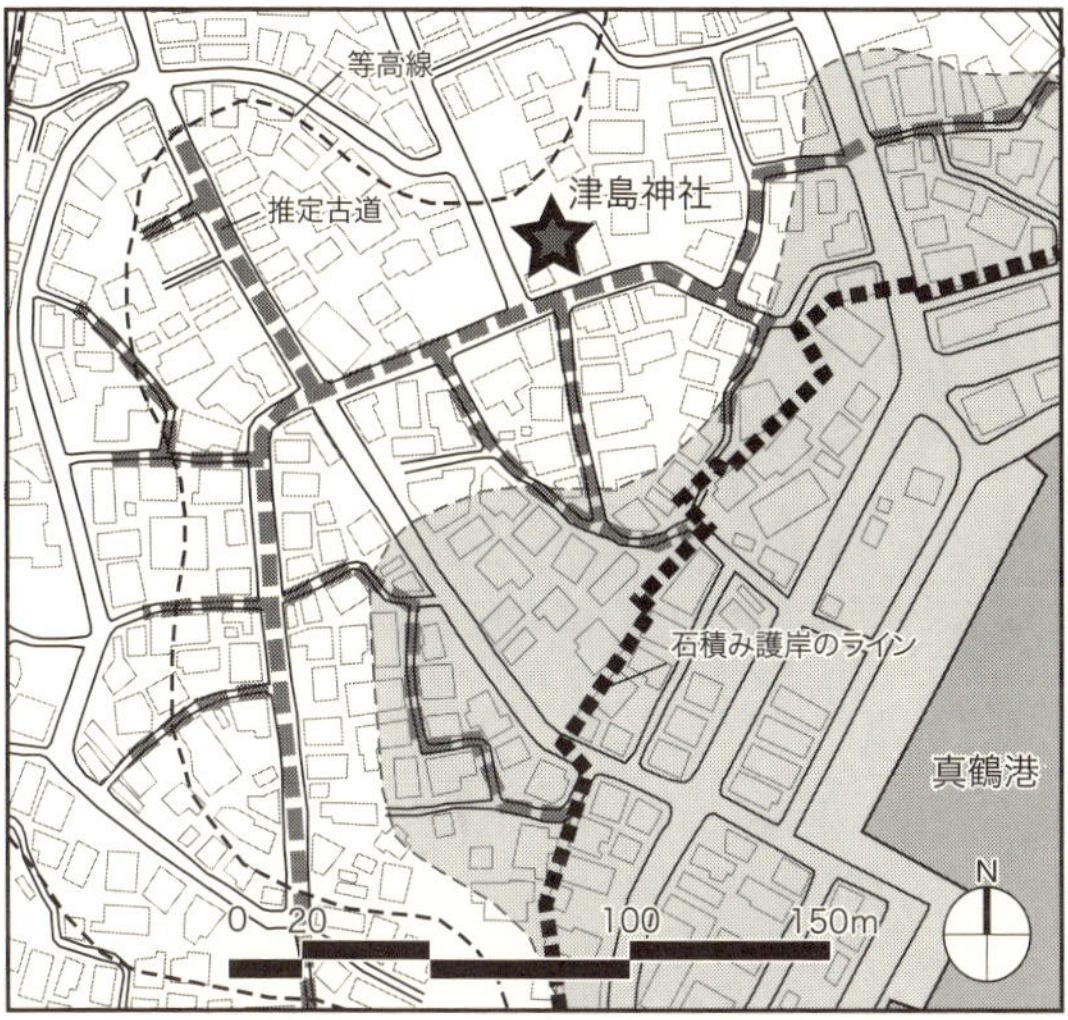

図 3-11　真鶴の古道

写真 3-25　階段の上から見たかつての袋小路

社から海に向う象徴軸としての参道である（写真3−26）。参道は集落と独立したかたちで海に延ばされた。二つめは、等高線に沿う高低差のない道である。これは周辺の集落と結ぶ道であり、同時に津島神社以西のエリア中央を貫く求心的な軸となり、商業が張り付く。坂の多いことも忘れさせる。

三つめは、海へ通じる、比較的勾配のある道で、集落と港を結ぶ。この海へ通じる道の数は最小限にとどめられた。それは、自然の猛威を避け、快適な集落の環境を内側につくりだそうとした結果である。水際が城壁のように強固な石垣であることからも、空間のあり方が理解される。

参道を除いた道からは、袋小路の道が緩やかな地形を選ぶように派生し、辻のような要所には共同井戸が掘られ、奥に延びる（写真3−27）。地形、あるいは敷地割りとの兼ね合いで、これらの道は短く完結したり、曲がりくねり、枝分かれする。この袋小路の道は、いずれも等高線に沿った求心的な道か、あるいは港へ向う道に出ることが原則化された。

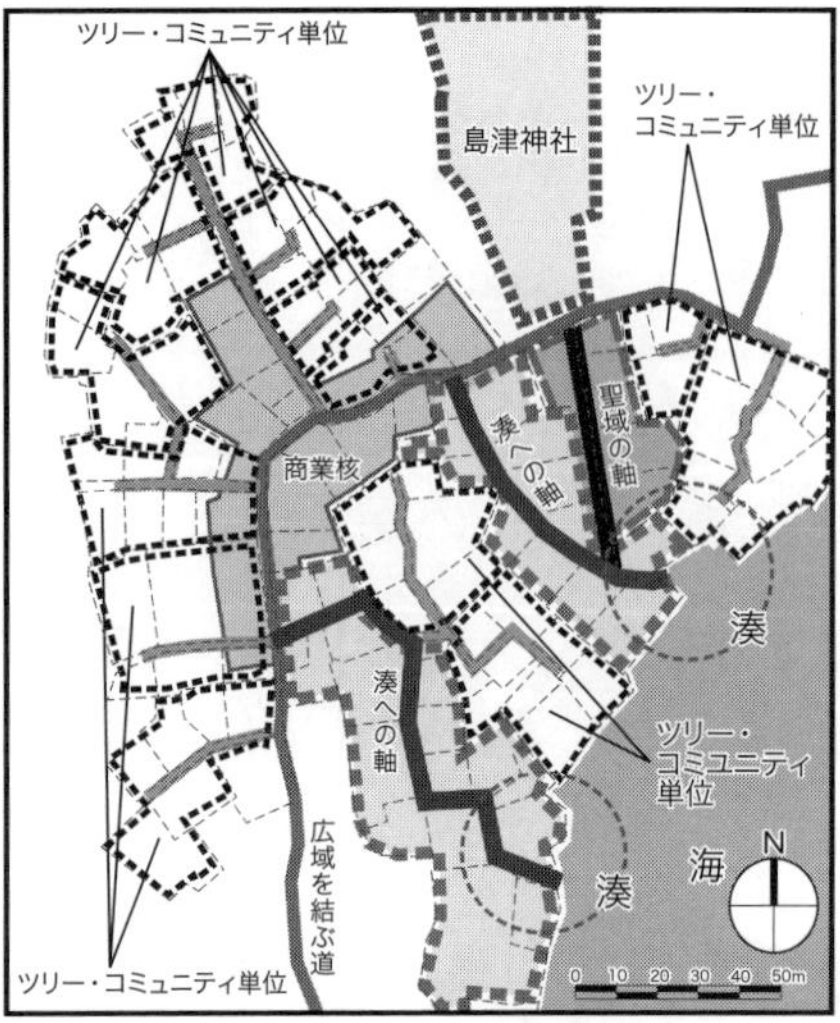

図 3-12　真鶴の原風景としての都市構造

原風景の中のコミュニティ空間

原風景となる道の構造は、ツリー（木）の枝に見立てることができる。求心的な道を幹とし、そこから枝分かれし、最終的には袋小路に至る。そ

写真 3-26　象徴軸と集落を結ぶ道が交差する場所

写真 3-27　共同井戸

の袋小路を小枝にたとえると、そこに葉や実がつらなるように、敷地が寄り集まり、まとまりのあるコミュニティ単位を構成する。この単位を「ツリー・コミュニティ」の単位と呼ぶことにしたい。真鶴の敷地割りの基本は、この「ツリー・コミュニティ」を描きながら、増殖し、ラビリンス空間を拡大させた。

分析から見えてきた構造が、太平洋に直接面する厳しい自然条件のなかで、真鶴の選んだ初期段階の集住空間である。この空間システムは、自然の猛威を回避する内側に強固な複数のまとまった集合体をつくりだす集落の仕組みといえる。まさに、これが真鶴の原風景の構造である。

近代以降に整備された空間を一つ一つ剝ぎ取り、前時代の空間を復元的に再現すると、真鶴の原風景が以上のように浮かび上がる。そして改めて、この原風景を拠り所に今も真鶴の景観があり続けてきたと実感する。真鶴がこれからの歴史を新たに歩む原点であるとも感じる。

二 「隠居都市」としての中世的空間——内海（愛知県）

真鶴の原風景を語った後で、突然「隠居都市」と書くと、いぶかしく思う人も多いに違いない。また、経済優先の現在、寂れはてた町を想像されそうだが、そのようなイメージで書きだしたわけではない。多くの都市や町を訪ね、歩いてみると、平穏な空気が漂う場と出合う。その時、ふと辿り着く思いが「隠居都市」である。

たとえば中国江南には、文人や職を退いた高官などが終《つい》の住処《すみか》とした桃源郷、同里がある。日本でい

写真 3-28　展望台からの内海の町並み

えば、さしずめ金沢がイメージされる。その対極にある都市は、人や物が集散し、喧噪と活気に満ちた近世の港町であろうか。ただ港町であっても、そのような雰囲気を醸し出す所が、中部国際空港のある常滑からほど近い、伊勢湾に面する内海《うつみ》である（写真3-28）。

内なる海からの出発

伊勢湾に面した知多半島沿いでは、舟運と深く結びつき、独特の都市空間をつくりだしてきた港町が多い。中世以前から焼物を全国に流布した常滑、鍛冶の高度な技術で名を馳せた大野があげられる。知多半島の突端に位置する師崎は、すぐ背後に山が迫り、漁業以外の生計が難しい。しかし、海上の地の利は絶大で、古くから軍事上の要所に位置付けられ、舟運の拠点としても発展した。

特徴的な産業を備えた港町が存在する一方、田園を背景に成立する港町がある。知多半島の入り組んだ地形には、縄文後期海が入り込んでいた。古代の内海も、先に触れた海津や庵治同様、入り海を初期の湊としていたと考えられる。ただ、ここでは「隠居都市」をテーマにしているので、入り海が農地として開墾された後の内海の様子を描いていきたい。

その入り海が後の海退《かいたい》により、わずかな平坦地を生む。そこを開墾し、農業が古くから行われてきた。地理的に京都や伊勢神宮に近いこともあり、これらの土地は荘園領地としての役割を歴史的に担い続けた。

耕地面積が小規模としても、温暖な気候は安定した穀物の生産地帯であり続ける。知多半島で比較的広い耕地面積を確保できた内海は、小高い山々に囲まれ、十一ヶ村が集まる田園の小宇宙を形成する。そう呼びたくなるほど、コンパクトな地域構造が描きだされる。そして、その産物を積出し、領主へ送る湊も内海にはあった。船を使うことが重要な交通手段なのである。また、かつての入り海、内海の内陸は、内海川を比較的上流まで遡れ、小規模ながら河川舟運も成立していた（図3-13）。

この内海十一ヶ村の地理的中心に位置する中之郷村には、禁中儀式や制度などの律令の施行細則を記録した『延喜式《えんぎしき》』（九〇七年）に載る入見神社がある。旧名が船の守護神を祀る八王子社であることから、古くはこのあたりに外界の海と、内界の川の上流とを結ぶ、最初の舟運の拠点があったと考えられる。

住み分けの構造

中世後期の伊勢湾では、商品経済化する物流へと、舟運が変化しはじめる。それとともに、湊が武家社会の到来により軍港的色彩を強くする。ただ全国が平定される以前であるから、コンパクトな田園が地域構造の主体であった。それに付随するかたちで、湊や町の都市機能が河口近くに成立していたに過ぎない。このあたりの地域の仕組みに、内海が隠居都市化へと向かうポイントが隠されている。

十四世紀の後期、一色氏は伊勢の海と内海川を一望できる丘陵の突端に山城を築く。時代が下った十六世紀末期以降に見られる近世城下町の立地特性からすると、内海では領国の中央部にある中之郷村あたりに城と城下町を整備し、河口付近に港町を置く、そのような都市の全体配置が一般的にイメージされる。ただこれは、戦国の世が終焉し、平穏さを取り戻す時代の城下町と領国との関係である。

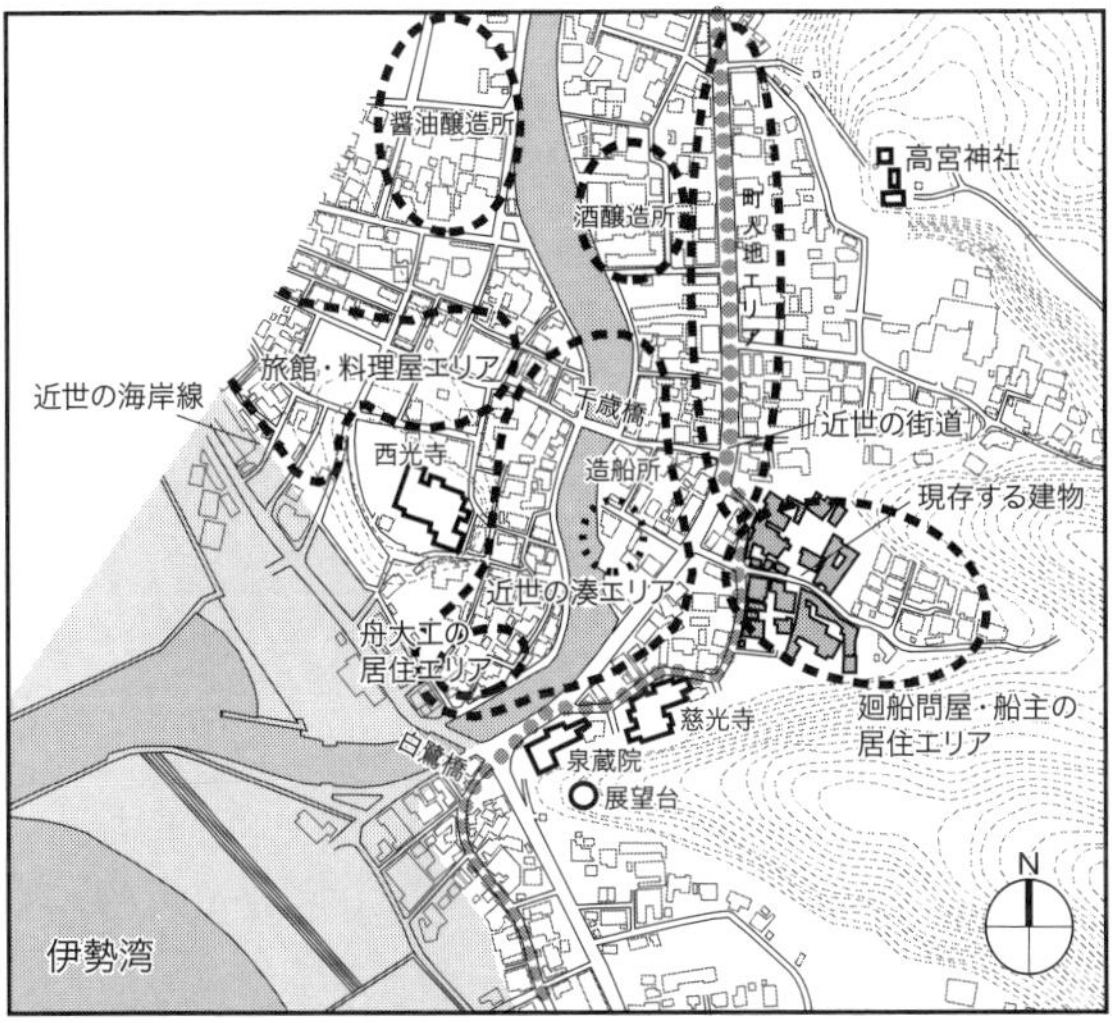

図 3-13　内海の都市構成

戦国時代の城と城下は、あくまでも軍事的色彩が強く、要塞化した砦に過ぎない。平坦地に広がる田園の構造を変化させることはなかった。そこが近世の城下町建設との違いである。内海は、内海川中流域にある郷村集落の求心的核と、軍事拠点としての城下と湊で構成される城下町、この二つの関係が住み分けるかたちで、地域構造を組み立てていた。そのことは、中世の風土を残したまま、田園の穏やかさと調和する港町の環境が現在まで維持された証《あかし》でもある。

内海の湊機能は、川沿いにある。都市間で手広く貿易に乗り出すほど、湊を大規模化することができない。中世の内海は伊勢湾対岸の津や白子と中枢港湾としての座を競うことができなかったのである。また、造船業も内海に古くから存在したが、大湊のような突出した存在には至る余地がない。それでも、内海廻船として近世の歴史舞台に名を馳せていく背景には、地域全体のコンパクトさと、田園、城下、湊と、個々の環境が柔軟に連鎖する空間のバランスのよさにある。産業や技術に秀でずとも、多様な地域構造から、豊かな生活の場をつくりあげる港町・内海の新たな展開が近世にはじまる。

隠居都市の心臓部

戦国期、一色氏が佐伯氏に知多半島から追われる。一色氏の支配下にあった内海城は廃城し、城から寺院に変わる。武士がこの地から去った後、日本の海を舞台とする廻船問屋がこの地に居住の場を求め、武家地のエリアに白羽の矢が放たれた。その時、内海は隠居都市への道をさらに一歩踏みだすのだ。

内海川に沿って現在漁船が停泊しているが、河口付近は古くから湊エリアである。そこには、造船所がかつて川辺にあり、造船と関わりの深い鍛冶などの職人たちが居住する場も川沿いにあった。そこから少し遡ると、醤油などの醸造を主体としたエリアが占める。

川の東側は砂浜の海岸線が広がり、現在海水浴場となっているが、舟運が華やかな時代には商談に訪れた人たちの宿泊の場であり、料理屋が集まる遊興のエリアであった。川の西側には街道が抜けており、その道沿いに町人地のエリアが形成された。

港町の空間として、実にコンパクトにまとめられているが、内海廻船として名を馳せた主役たちはこれらのエリアにはいない。街道筋から一歩内側に入った谷間に、その居住の場がある（図3-

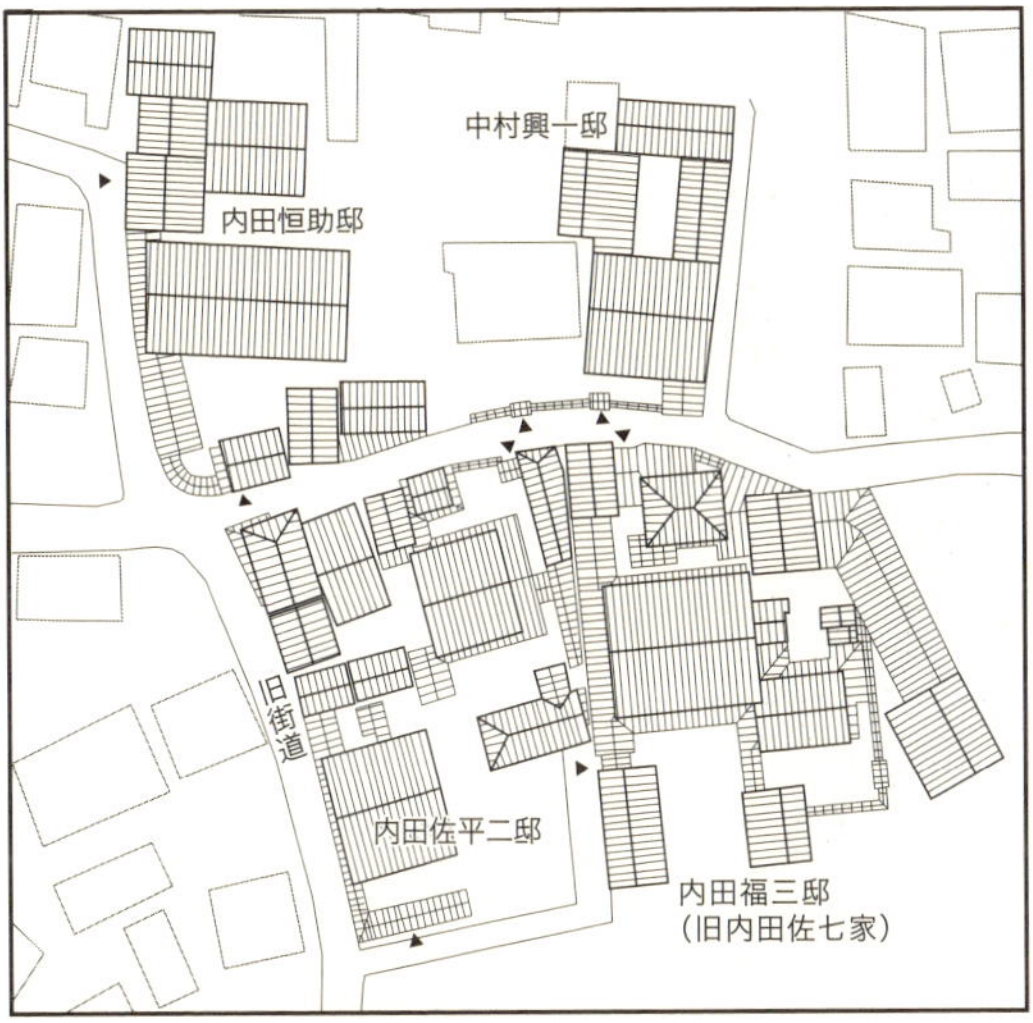

図 3-14　廻船問屋の居住エリア

写真 3-29　旧内田佐七家の住居

14)。背後の田園地帯を抱える集落構造の一方で、かつて武家地であった谷間に内海廻船と呼ばれる船持ち衆が集住する。もう一つの小宇宙が内海を「隠居都市」たらしめたのである。ここを訪れて驚くのは、周囲の喧噪とは別世界のように、穏やかな空気が流れていることだ（写真3-29～31）。田園の環境を損なわずに成立する、隠居都市としての内海の核心がここにある。

写真 3-30　旧道

写真 3-31　歪んだ建物

小さな町に大都市の持つ全ての機能を備えることが持続可能な社会空間をつくりだせるかといえば、そうではない。それはすでに幻想であると、多くの人が気付きはじめてもいる。むしろ、長い時間をかけて成熟した地域環境と人々の営みから生まれた場にこそ、持続可能な空間と環境がそなわるのだと、内海の空間形成の歴史を通じて知らされる。まさに、この地は日本の美しい風景を代表する素地を持ち続けており、この環境を大切にすることの重要性を強く感じる。

Ⅳ

中世から近世への変化

1　港町を立地させる自然条件

一　前島に守られた港町――牛窓（岡山県）

瀬戸内海にある中世・近世に栄えた港町を訪ねてみると、立地する自然環境の類似性に気付く。それは、海を挟み前に島があり、背後に丘陵が迫っていることだ。これが港町を成立させる重要な条件となるが、近くに海を見渡せる小山（日和山《ひよりやま》）と、ちょっとした入江があれば申し分ない。

牛窓《うしまど》は、海を隔てた向いのほどよい距離に前島が横たわり、背後に山並みが連なる（写真4－1）。北風からも、南からの台風の高波も防げ、船が潮待ち、風待ちするのに適した条件を備える。また、海岸線近くには海抜二〇メートルほどの丘陵がある。頂きは潮見、風見に絶好の場となり、神社が置かれた（写真4－2）。そこからは今も海の眺望が堪能できる。牛窓は、二つの自然条件を備え、港町の素地を持ち合わせるが、最後の入江はどうだろうか。それを現在の地図でうかがい知ることは難しい。

それは、牛窓が江戸時代の初期に都市の構造と空間を大きく変貌させてしまったからだ。牛窓では、これまで港町を読み解いてきた知識を踏まえ、歴史を古い方からみていきたい。そのためにも、中世の原風景を最初に明らかにする必要がある。

写真 4-1　牛窓八幡宮から前島と牛窓市街を望む

近世に隠された中世の構造

中世の牛窓は、武士よりも寺院が港町に強い影響力を持った。すぐ思い浮かぶ港町は尾道である。この牛窓も、本蓮寺、妙福寺といった寺院の影響を強く受け、明との貿易で華やぐ十五世紀なかごろ、泊（現在の本町と西町）、関浦（現在の関町）、そして綾浦の三つの浦（港）に分かれ、多くの船が出入りし、賑わった。

関浦は背後の丘に本蓮寺が控える。この寺院は、

写真 4-2　五香宮から常夜燈と海を望む

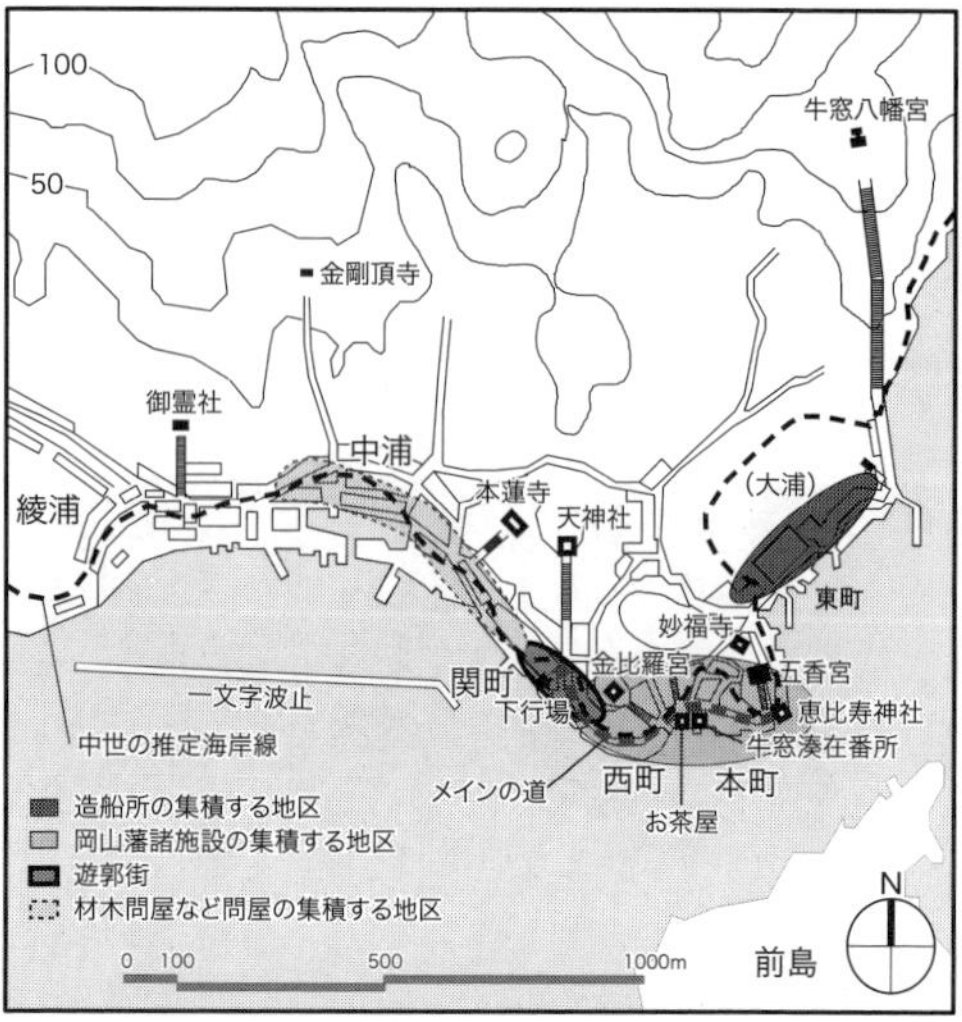

図4-1　牛窓の基本骨格と都市構成

牛窓の豪族・石原氏の居城があった天神山の小高い丘に正平二（一三四七）年建立されたものだ。天神山は、四世紀ころの古墳が眠り、歴史が積み重なる要所である。一方泊は、妙福寺を背後に繁栄したが、史料が乏《とぼ》しく、現在残る古い町並みからも中世の痕跡が読み取れないかに思える（図4―1）。

牛窓は、海岸の少し内側、メインの道に沿って短冊状に割られた江戸時代の地割りが現在も色濃く残る（写真4―3）。岡山藩が湊の整備に力を注ぐ寛永期（一六二四〜四四年）、大規模な都市改造が牛窓でなされた。寛永十七（一六四〇）年に船などを管理する異国船遠見番所、寛永十九年に牛窓湊在番所の施設が設けられた。そのそばには岡山藩の御茶屋が同じ寛永期に完成する。

興味深いことに、室町時代強大であった寺院の勢力が衰えるのと入れ替わるように、港町の中心部を官の施設が新たに占める都市構造に変化する。現在の寺社の配置を見ると、メインの通りに対して、右へ左へと参道の軸線がぶれてそっぽを向いている。また、妙福寺はメインの道から迷路のような細い道を辿るので、探すのに苦労する。町並みの構成と寺社の配置、この二つの要素がどうも噛み合わない。

写真 4-3　海から見た牛窓の町並み

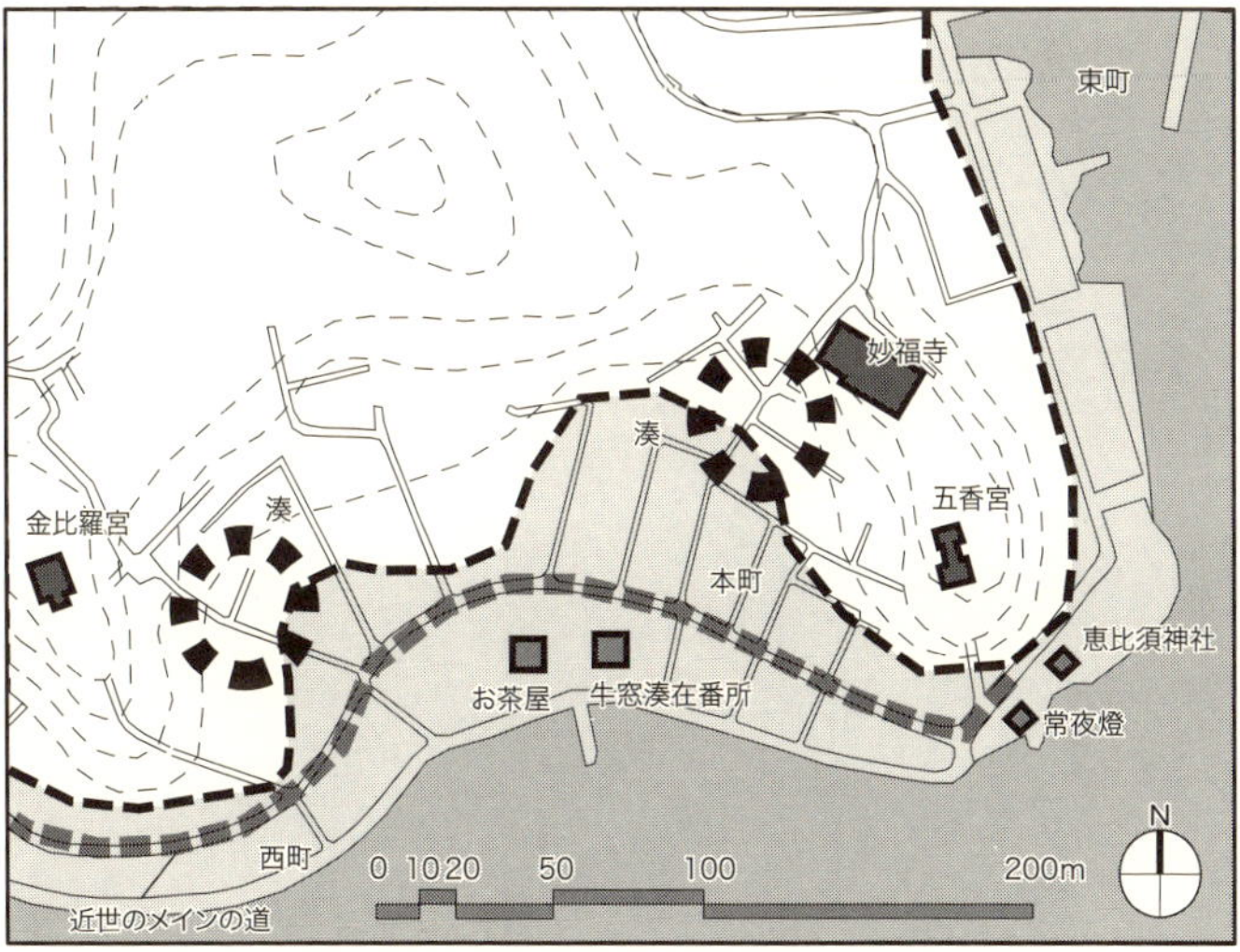

図 4-2　中世泊（現在の本町と西町）の推定基本構造

そこで江戸時代の都市改造以前の状況を知るために、中世の推定海岸線を引いてみよう。すると、小さな入江が幾つか描け、入江に参道を向けた当時の寺社の状況が現れてくる（図4-2）。妙福寺が泊のあった入江を見下ろすように位置し、五香宮が外海に向って軸を延ばす。寺院と神社が同居するなかで、湊を門前とする寺院と、海に象徴的な軸を延ばす神社が別々の軸を持つ、中世港町の特徴を鮮明に浮かび上がらせる。そして、江戸時代初期に整備されたメインの道に存在を消されていた細い道は、共同井戸が要所に掘られており、丘陵の寺社や集落と、入江の湊とを結び付ける重要な中世の道であったことも見えてくる。

官の港町と民の港町

寛永期後も、牛窓の寺院の受難が続く。儒教を尊ぶ岡山藩主池田光政が寛文六（一六六六）年にとった寺院淘汰の政策により、木蓮寺、金剛頂寺、妙福寺は元禄年間（一六八八〜一七〇四年）に至るまでにすべて廃寺となるからだ。官の強権が時代の流れを誘導し、牛窓は岡山藩の公的な港町となる。

この変化は朝鮮通信使の接待の場に現れる。朝鮮通信使は、十二回来訪したうち、第三回となる寛永十三（一六三六）年から明和元（一七六四）年の間の計八回を牛窓に滞在した。寛永十三年から明暦元（一六五五）年にかけての三回は木蓮寺が接待場となった。だが、第六回の天和二（一六八二）年からは岡山藩の御茶屋が使われる。

朝鮮通信使の一行は、関町にある下行場に下船した後、メインの道を抜けて岡山藩が用意した御茶屋の接待場に向う。その間、紅白の幕が張られ、明かりが夜の空間を彩る。町中《まちなか》を通す試みは、徳川家康が朝鮮通信使を江戸に迎える際、奥行二メートルもある桟敷となる庇を道の両側に設け、イベント空間に仕立て上げた演出に影響されているように思える。

牛窓では、寛永期を過ぎても新たな港の整備が行われた。慶安二（一六四九）年から寛文十一（一六七一）年にかけ、大浦湾を埋め立てて新しく東町が町割りされ、後に造船所が集中する。延宝元（一六七三）年には、船の安全航行を願って灯籠堂が五香宮下に設けられた。西側では、元禄八（一六九五）年に「一文字波止」が中浦の沖に築かれる。東南の風に煽られ、湊の機能を果たさなかった場に光が当たる。朝鮮通信使たちは、船上から港町の繁栄を象徴する造船の町を、下船間近には六七八メートルもある一文字波止を否応なく見せられる。城下町とひと味違う、港町ならではのダイナミックな空間演出が行われた。

十九世紀に入る前後には、一文字波止が大いに助けとなり、湊の充実した牛窓の材木商が舟運で活躍する。彼らが主に扱った荷は日向南部の造船用の杉材である。東町の造船業と結びつき、牛窓はさらにステップアップする。その繁栄の証《あかし》は、牛窓にある多くの神社で、寛政期（一七八九～一八〇〇年）から文化・文政期（一八〇四～一八三〇年）にかけ、本殿などの再建がなされたことでわかる。高度な技術を要する寺社の建築は船大工が手掛けたといわれる。東町が江戸時代後期に造船業で栄えることで、牛窓が一層の経済力を持ち、港町としての自力をつけたのだ。

中心に返り咲く遊廓

徳川の幕藩体制が崩れると、天神社の長い参道下、かつて朝鮮通信使が船から降り立った下行場から西町側に花街ができる。明治期に入り、牛窓の核となる場所は中世の尾道、近世の御手洗のように、花街を中心に据えた港町に近づく。

牛窓では明治十九（一八八六）年に花街の歴史がはじまるが、北前船の衰退する時期とほぼ時を同じくする。明治期に衰退していく他の港町と異なり、牛窓は舟運による交易のみに港町の繁栄を託してはこなかった。近代を見越したように、東町の新開地はすでに造船所の大工業団地となっていた。激動する近代にあって、遊女屋は明治二十四年に二四軒が軒を連ね、牛窓の繁栄の証《あかし》となる。

牛窓の花街は、官と豪商たちが築いた近世の町並みに割り込み、土地利用を大きく変えたように見える。だがそれは、中世以来の港町に異質な官の施設が中心的な位置に入り込んだ状況を修正し、重要な神社のたもとに本来位置づけられるはずの花街が置かれたに過ぎない。この明治前期の変化を見ると、花街というフィルターを通して、牛窓にも瀬戸内海の港町のあり方が中世、近世、近代という歴史の枠を超え、深い部分で通いあっているように思える。

都市は揺らぎながら変化し、表層の形を変える。それも時代の痕跡を残しながら、空間に厚味をつける。牛窓は、私たちが忘れかけてしまった、変化して都市の魅力を増すあり方を教えてくれている。

二　分業化する漁村と港町——室津（兵庫県）（写真4-4）

古《いにしえ》のころ、京の都から九州の太宰府へは、難波津（大坂）から瀬戸内海を船で西へ向うが、海岸は砂浜が延々と続くばかりであった。入江のあるリアス式海岸となると、室津あたりまで行かなければな

写真 4-4　日和山から見た室津の全景

らない。そのため、室津は古くから天候が荒れた時の避難できる良港として知られた。和銅六（七一三）年に編さんされた『播磨国風土記』には「室原《むろふ》の泊」として名が記されている。

現在の室津には、小さな稲荷神社を除けば、千年の歴史を誇る賀茂神社が唯一の神社である。寺院は八百～一千年の歴史を持つ浄運寺、見性寺など六寺があるが、南側の斜面地だけに分布する。一方古くからの漁村集落は、北側の現在建物が密集する窪地にあった。ただそこには、これといった神社も、寺院も見当たらない（図4-3）。現状からは、歴史の古さのわりに近世港町が色濃く、中世以前の港町の歴史的空間が読み取れない。

室津では、海面の水位を二つのレベルで上昇させ、海岸線の形状を確かめながら、空間構造の変化を追うことにしたい。一つは縄文後期の七メートルのライン、いま一つが平安前期の四メートルのラインである。この水位によって、当時の興味

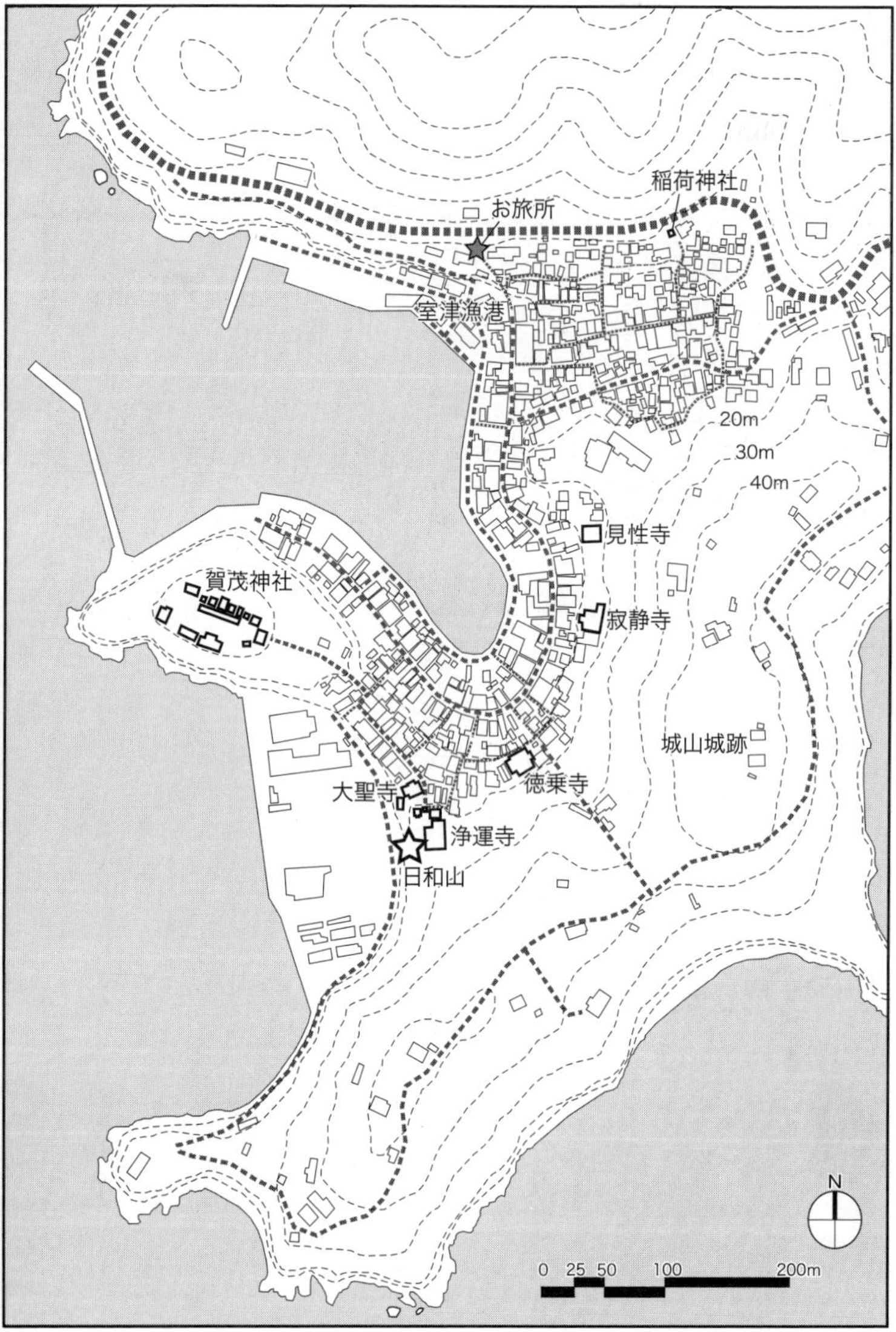
稲荷神社
お旅所
室津漁港
20m
30m
40m
見性寺
賀茂神社
寂静寺
城山城跡
徳乗寺
大聖寺
浄運寺
日和山
N
0 25 50 100 200m

図 4-3　現在の室津

深い環境が現れてくるはずである。また人々の営みに関しては、二つの古い祭りに着目し、土地にたいする思いの一断片を探ることにする。

小五月祭りと夏越し祭り

室津では、現在春と夏に二つの大きな祭りが行われる。一つは、平安中期ころにはじまったとされる「小五月祭り《こさつき》」である。今は地元でも記憶にとどめる人も少なくなった船渡御《ふなとぎょ》が明治期まで行われていた。賀茂神社に祀る神を船で現世にお迎えする行事だ。そのお旅所が北側にある古くからの漁村集落の外れ、室津漁協の裏斜面の中程にあった。

いま一つは、「夏越《なご》し祭り」である。現在賀茂神社に合社されているが、かつて大雲寺の境内にあった神社（スサノオノミコトを祀る祇園社と菅原道真を祀る住吉社）の祭りである。この祭りでは神輿が登場せず、屋台《やたい》が組まれ、その上に酒、肴、米を乗せ、神に献上する。静かに神を村に迎え、褌姿の男たちがあばれまわる「宵宮」「昼宮」でクライマックスを迎える。男衆が中心の豪快な裸祭りである。そして、静かに船で神を送る「船中大祓い」で終わる。これは、荒ぶる神を静める祭事であり、より土着的で、村の民が主導する祭りだ。この古い祭りの舞台は、神社、集落、海である。近世になると神社は高台など沖合いからも見えるシンボリックな場所に移るが、土着の祭を司る神社は海辺の近くにもともと置かれていた。

漁民と信仰の場

賀茂神社の社伝によれば「賀茂建角身命《かもたけつぬみのみこと》が室津開港の祖として祀られたときに始まる」と記されており、場所が明確ではないが、二千年前には神社があった。すでに集落も形成されていたようだ。

　この時期の地理的環境をイメージするために、海抜七メートルのラインを現状の地図に引き、すでに河道がない川を復元すると、興味深い二つの景観が浮かび上がる。一つは、現在賀茂神社のある場所が縄文後期には島であったことだ。もう一つは北側の建物の密集するエリアが入江であり、緩やかな斜面の砂浜となっていたとわかる（写真4―5）。その入江には小さな川が注いでいた。このあたり以外の海岸線は切り立った斜面であり、このエリアが唯一身近に水を得られ、漁撈に携わる人たちの集落を形成する恰好の自然環境であった。室津の民の歴史がここから始まる。

写真4–5　初期の漁村集落があったと考えられるあたり

　それでは、二千年前、室津にあった神社はどのあたりに位置したのだろうか。そのヒントは、西暦二〇〇年ころに成立した福岡県の宗像《むなかた》大社にある。この神社は、聖域である沖ノ島、大島、田辺にある三つの宮によって構成され、一つの軸線上にある（54頁・図2―14）。これほど象徴的ではないにしろ、日本の土着信仰は山や島などを聖域とする自然崇拝からはじまる。賀茂神社のある島が聖域となり、その対岸の漁村集落の外れに神社が対置していたとしてもおかしくはない。その場所は船渡御した神輿を安置するお旅所であろう。その後、神社は大雲寺のある丘陵に上げられ、神社の跡はお旅所となったと考えられる。

写真 4-6　賀茂神社とその境内

二極化した港町へ

　千年前の平安時代、室津は上賀茂神社の御《み》厨《くりや》となる（写真4―6）。その時、現在の場所に賀茂神社の社殿が整えられ、漁村と聖域の島との構図に変化が生ずる。御厨となったことから、室津は単に漁撈のみを行う漁村とは異なり、神社に献上品を輸送する海上交通の担い手として、海上の特権が保証された。ここに中世の廻船を仕切る室津の漁民の姿が浮かび上がる。

　平安前期の様子をイメージするために、海抜四メートルの水際推定ラインを描き、現在確認できる共同井戸の位置を重ねてみる（図4―4）。する

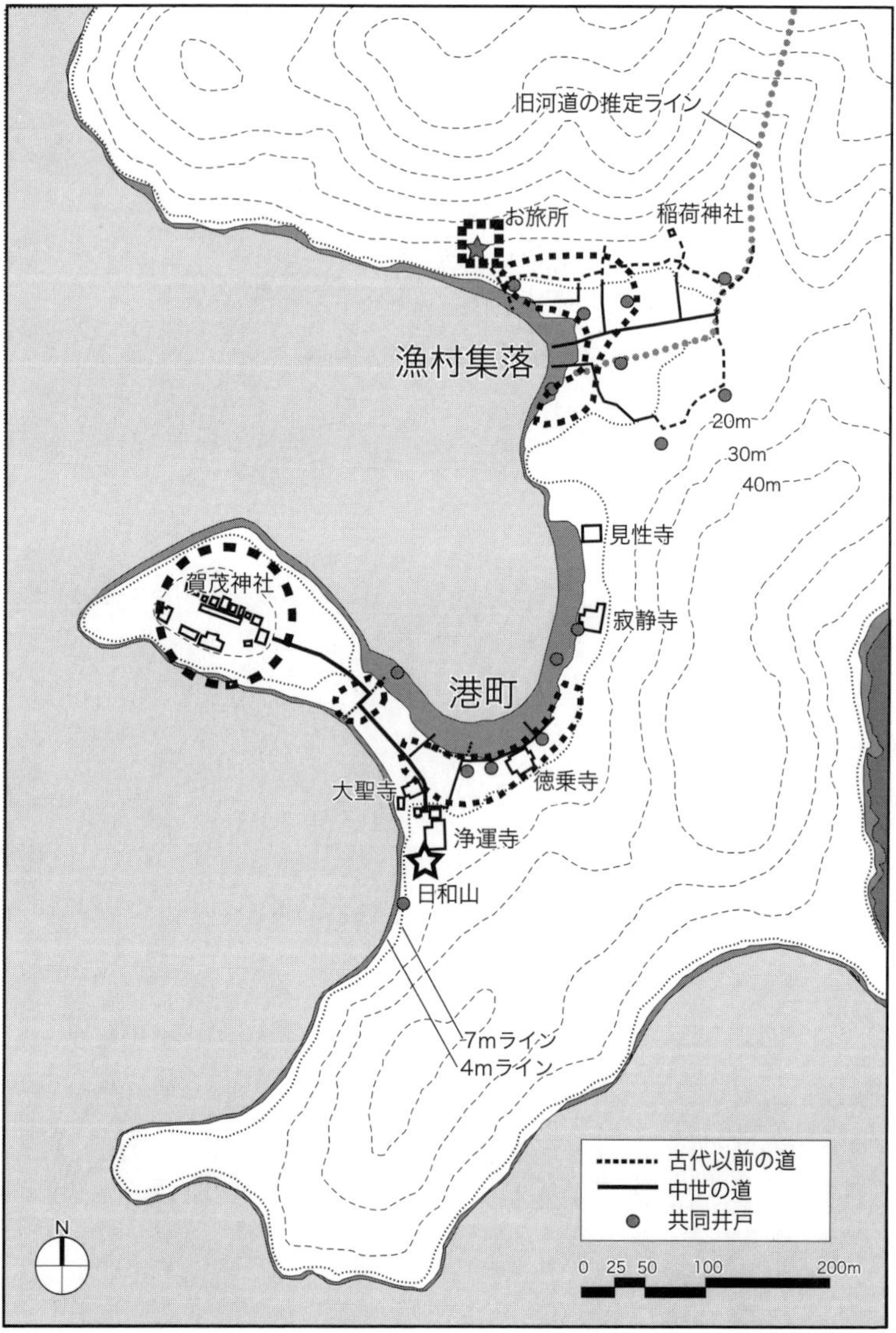

図 4-4　賀茂神社の御厨の時代（平安前期）

写真 4-7　境内に掘られた共同井戸

と、そのほとんどが北側の漁村集落と、南側の寺院が立地するあたりに分布する（写真4-7）。この二つのエリアは船を扱う上で重要な真水が水際近くで得られていた。

賀茂神社の御厨として安定した時代、室津は港町の基礎が形成され、その豊かさの象徴として寺院が数多く建立された。北側の漁村集落から分離するように、廻船を主体とする港町が室津の南側に誕生した。室津は二極の集落構造をつくりだす（図4-5）。現在の詳しい地図を見ると、大聖寺、浄運寺、徳乗寺を結ぶように細い道が通され、密度高く四本の細い道が海に向って延びている（写真4-8）。道が海に出たあたりはかつて物揚げ場であった。

鎌倉時代までは賀茂神社が強力な影響力を保持するが、その後城山城が赤松氏により元弘元（一三三一）年に築城された時から、変化が起きる。室津は、武士の影響を受ける時代となり、空間の

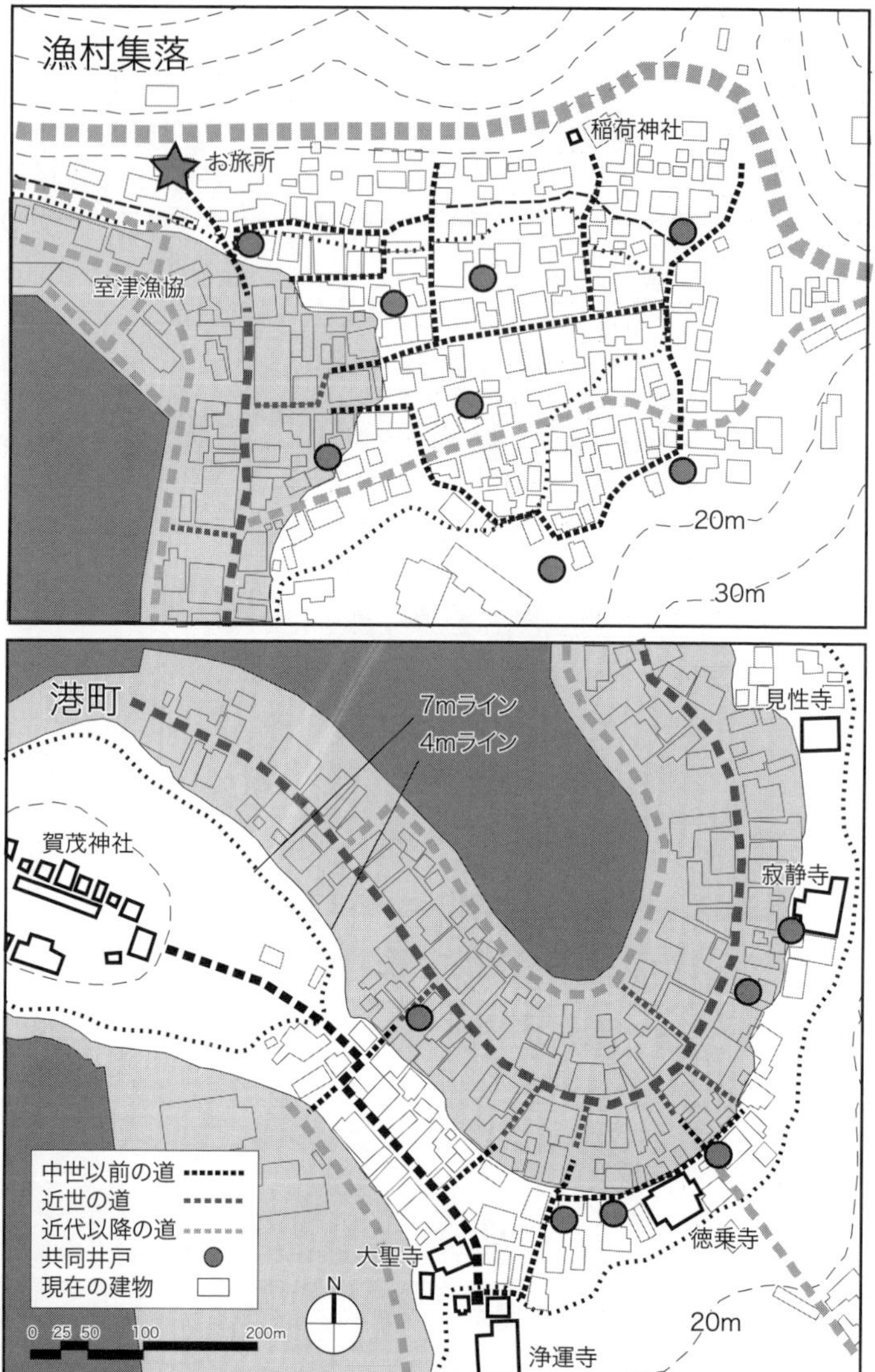

図 4-5 室津に誕生した漁村集落と港町の二極構造

写真 4-8　4本の細い道の一つ，湊に下る古道

写真 4-9　軸を強調した新たな道

構図に武士という新たな要素が加わる。軸をともなった新たな道が城下から加茂神社に通された(写真4-9)。

南北朝時代から室町時代にかけては、城山城の城主が幾度か入れ替わりながら、上賀茂神社の社領としての支配構造が次第に弱まる。それは、長禄三（一四五九）年に時の城主であった山名氏が賀茂神社の修造を手掛けていることからも理解される。このあたりから、武士が影響力を持つ港町の経済力学が室津に働く。

付加されたしつらえの場

戦国の世が終わり、室津には大きな変貌を迫る出来事がさらに起きた。それは、朝鮮通信使の来訪である。第一回の朝鮮通信使は慶長十二（一六〇七）年に日本を訪れる。その一行を迎えるために、姫路藩が大規模な投資をこの港町に行う。その時期は関ヶ原の戦い（一六〇〇年）以降、池田

写真 4–10　江戸時代初頭に整備されたメインの道

輝政が姫路藩を治めはじめたころである。

この時、既存の寺院や集落の前面の砂浜を埋め立て、海岸線に沿って短冊状に町割りがされた（写真4–10）。二極化していた漁村と港町の構造が帯状の町並みにより一体化した都市空間に変貌する。このような開発手法が好まれた要因は、船の大型化に伴う湊機能の変化が求められたことによる。中世までは、船を砂浜に乗り上げるのが基本であったが、船が大型化し、舟運による商取引がスピード化するなかで、新たな合理性が生まれる。砂浜に変わる水深の深い湊と、造船所である「船たで場」がつくられていった。しかし室津は、御手洗や牛窓と異なり、目立った船たで場をつくらなかった。狭い入江を合理的に活用して、漁港と商港、そして朝鮮通信使や諸大名を受け入れる場の異なる三つの機能が複合した独特の港町をつくりだした（図4–6）。

ここまで読み解いてくると、古代以前から海人

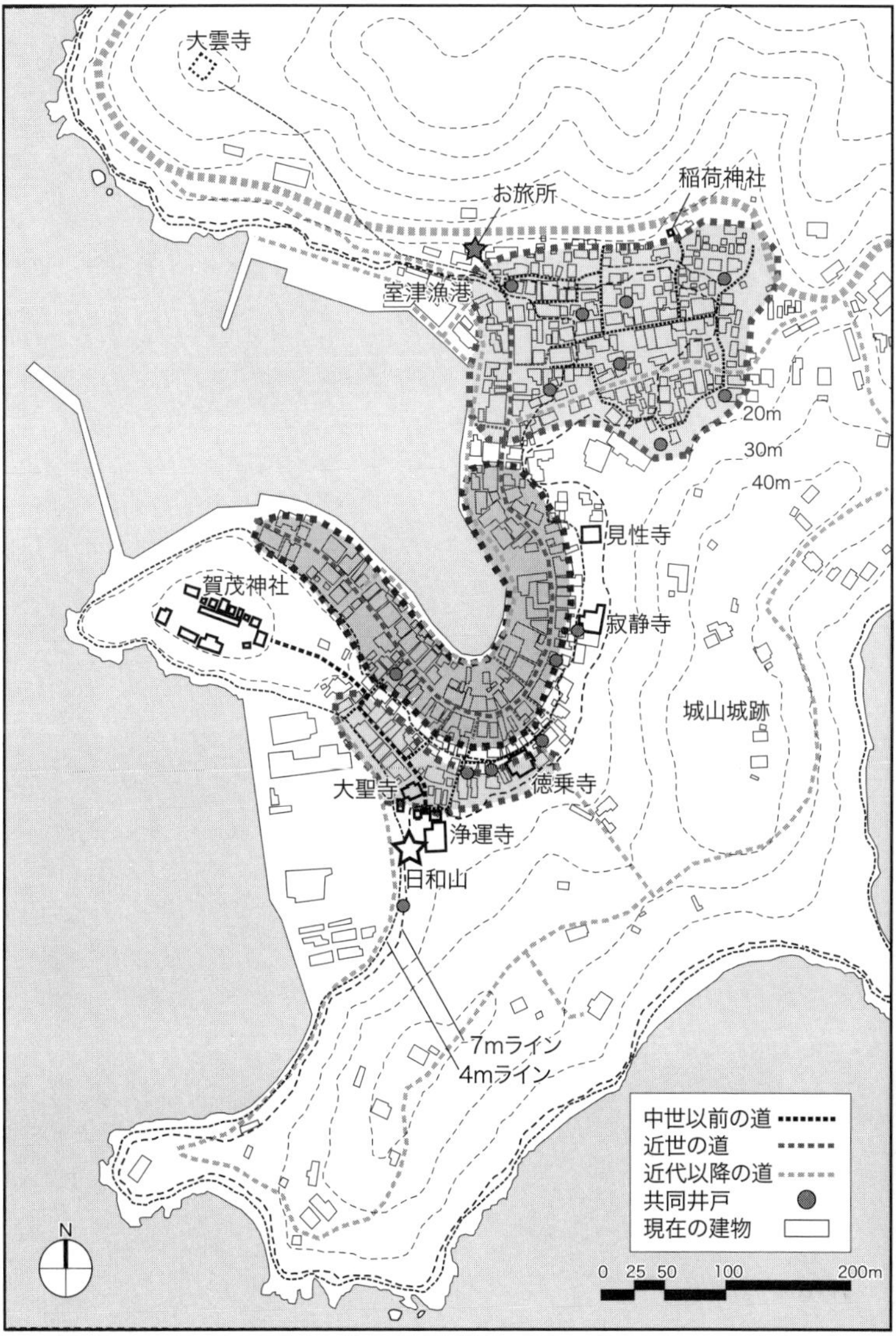

図 4-6　室津の現在と歴史形成の関係

が築いた港町の原形を室津は現在に伝え、中世を生き抜いた空間の履歴もしっかりと息づかせているとわかる。このあたりに、近世港町だけにとどまることのない室津の真の魅力が隠されているように感じる。

2　中世から近世へ、空間展開の模索

一　新たな港町の基盤づくり——鞆

海からの眼差し

鞆《とも》は陸上から訪れようとすると大変不便な場所にある。一方海から鞆を訪れると、異なった印象を受ける。便利なのだ。その時、鞆が港町であると実感する。

船で鞆の港に入る時、海側から眺める風景はやはりすばらしい。鞆は近世の湊のあり方を現代の場で教えてくれる極めて稀な港町である。石で組まれた防波堤の「波止」、灯台の役割をした「常夜燈」、船着場の「雁木」、造船所である「船たで場」が当時のまま現存しており、空間の歴史的な重みを実感する（写真4－11）。鞆は、瀬戸内海の潮目が変る位置にあり、風待ち、潮待ちの港町として古代から中世、近世にかけて繁栄し続けた。現在目にする景観は、十九世紀はじめころの姿をとどめ、江戸時代にタイムスリップしたような気持ちにさせてくれる。

写真 4-11　水際につくられた雁木と常夜燈

海側から湊と町を結ぶ細い道を北上すると、僅かな上り勾配の坂となり街道に出る。水辺から少し内側に通された街道は、近世に入り商業活動の場を充実させた。そこには江戸時代に繁栄した港町の風格が残る。舟欄干の突き出し台や木彫が施された障子戸など、豪商たちが築き上げた立派な商家が街道に建ち並ぶ。街道に沿ったあたりは、考古学の発掘調査がなされている。出土品は地層深く密度高く掘り出され、中世以前からの歴史の厚味を実証する。

近世港町としての港湾整備は、寛永十七（一六四〇）年に大可島に燈亭がつくられてからとされる。港湾整備と市街地の拡大にともない、大可島も陸続きとなる。拡大した湊機能の裏側には細い道が通され、近世鞆の町外れに花街が形成された。今も江戸時代の立派な木造二階建の遊廓建築が残り、当時の花街の様子を伝える。弓なりに弧を描く湊と、中世以来の街道を核に短冊状に割られた

写真 4-12　石積みの波止

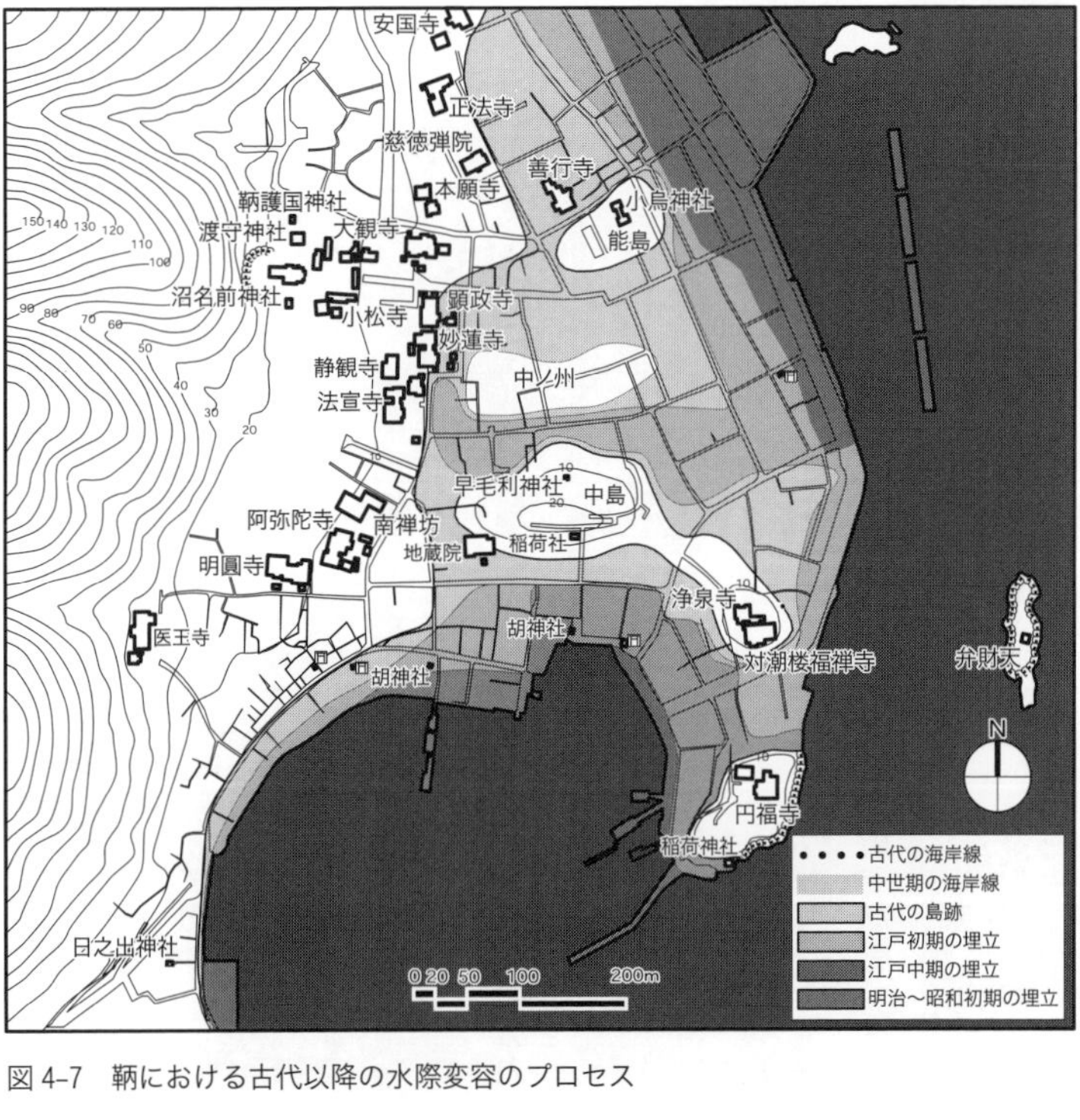

図 4-7　鞆における古代以降の水際変容のプロセス

写真 4-13　魚住貫魚の名勝絵巻の一部(「全国名勝絵巻」楠育治氏蔵.『山陽道・江戸時代図誌』筑摩書房, 1976 年より)

敷地に並ぶ商家の町並み、湊から町に向って狭いとはいえかつて盛んに物資を行き来させた道が通る。前島としての大可島に守られ、山を背に張り付くように市街化された近世港町の構造が浮かび上がる。

パノラマ絵図に見る原像

鞆は、大可《たいが》島から長さ五十間に及ぶ波止が寛政三年(一七九一)に整備され、逆側の淀姫神社から二十間の波止が築かれた(写真4-12)。その後の文化八(一八一一)年には、幡州高砂から築港工事で名高い工楽《くらく》松右衛門を招き、大規模な港湾工事が進められた。雁木が水際に沿って並ぶ今日の湊の基礎が完成する。これら近世の港湾施設は、背景にある山並み、それらに溶け込む町並みといった風景を力強くサポートする。

幸い、江戸中ころと思われる海側から見た鞆を克明に描いた魚住貫魚の名勝絵巻が残る。大可島から延びる波止の先へ行くと、鞆の町並みがパノラマで広がる。その場に立ち貫魚の絵と見比べると、地形とともに寺院配置

写真 4–14　寺町を形成する道

は現在と変っておらず、西の山麓にある医王寺から東の高台を占める円福寺までがきれいに重なる。水際はすでに石積みの護岸であったが、部分的に個人で使う河岸が見られ、現在のように大雁木で埋め尽くされていない（写真4–13）。この風景から、三国に見られる水際に沿って短冊状に割られた敷地それぞれに河岸を設ける、港町の空間構造が思い浮かぶ。水際を雁木にする以前は水際に蔵が並び、個々の河岸に船をつけていた風景が展開していたのかもしれない。さらに時代を遡ると、街道沿いの山側だけが短冊状に割られた土地に町家が並び、海側は砂浜に船を乗り上げる中世の港の構造であったと想像される。このようなプロセスを経て、鞆は大雁木が水際を占める景観をつくりだし、今日の状況に落ち着いた。

近世港町を成立させた「波止」と「雁木」

中世の港町・鞆は大きく二つのエリアからでき

写真 4-15　昭和初期の鞆の俯瞰（著者所有絵葉書）

ていたといわれる。一つは、平安時代初期からある医王寺（八二六年）の山麓から大可島へ向かい、中世に城があった小山に張り付くように町並みが連続する先に見た街道筋である。当時の海岸線は渡守神社から江之浦、西町の中ほどを抜けて道越町に至る線であり、大可島があるとはいえ、波止がない状態では港の大半が直接海にさらされていた。中世の港町としては条件があまりよくなかった。

それではいま一つのエリアはどこにあるのか。それは、江之浦から北上し、寺町を形成した道沿いである（写真4-14）。ここには小松寺などの平安時代草創期の寺院、あるいはそれ以前の寺院が並ぶ。このエリアは、古くから鞆の信仰の中心であると同時に、早い時期から港町として町並みも形成されていたと考えられる。前面の水際は浅瀬の入江となっており、船を砂浜に乗り上げていた中世の湊を考えると、最適な環境である。また、中島、中ノ州、能島といった波除け、風除けの前島が点在し、こちらの方が中世の湊をつくるには好条件であった。

近世初期以前までの鞆の湊は分散立地していたのである。ただ中世の良港も、浅い水深と、近世以降の船の大型化で、分散する湊機能を現在のように一ヶ所に集中する方策が取られたと考えられる。その結果として、湊をつくるにはいささか難のある場所に巨大な「波止《はと》」が築かれた。安全な入江としての環境が整ったところで、港町を一ヶ所に集め、さらに物資集散の機能を向上させる目的で水際の大半を占める大雁木が整備された（写真4–15）。これは推測の域を出ないが、幾つかの発掘調査を踏まえれば、おぼろげながらも中世から近世中期にかけての港町・鞆の変容プロセスが描ける。

古代の象徴空間から誕生した港町

古代の鞆は、干潮の時に砂州がのぞき、満潮の時は幾つかの島が点在する風景が見られた。このように点在する島々が前島となり、古代から中世にかけて鞆は寺町の前面が港町として成熟した。これらの寺町とともに、いま一つ気になる存在として、沼名前《ぬなくま》神社があげられる。

瀬戸内海から玄界灘に面する九州北部にかけての港町を訪ねると、神話の時代に活躍した神功《じんぐう》皇后ゆかりの神社が多い。その一つである象徴的存在が宗像大社（福岡県宗像市）である。宗像大社は海に浮ぶ聖域の島々を結ぶ軸線上にある。鞆にも神話が残る。沼名前神社は、二世紀末ころ神功皇后が西国へ下向する時この浦に寄泊し、海路の安全を祈ったのが始まりとされる。

さらに、沼名前神社の参道が仙酔島（向江島）の山頂に向けられていることも興味深い。この島は古来から人の手が加えられることのない聖域であった。この点においても、象徴的な軸を描いて見せる沼名前神社は、宗像大社との共通性を持つ。神社の前面の水際近くには供物を捧げ、漁を生業としていた漁民集落があり、不定期に訪れる船の寄港地でもあった。

仏教が伝来して以降、寺院は舟運と深く結びつき、港町をサポートする役割を担い、数多く立地する。鞆では、九世紀中ごろまでに静観寺（八〇六～八一〇年）、医王寺、そして現在廃寺となった地福院の三寺が創建する。特に静観寺、地福院のある寺町を背景に、古代から中世にかけてはこのあたりが港町・鞆の中心として発展した。

寺社の配置と、近世の港がお互いにそっぽを向き合っているように現在見えるのは、古代、中世、そして近世と、長い時間をかけた壮大な都市改造が鞆で繰り広げられた結果である。鞆は、江戸後期の空間を現在に提示し続ける。同時に、古代・中世の港町の残像を眠らせている。この二つの異なる時空をうまく連鎖させ、鞆は都市空間変容のストーリーを現在に共有してきた。

二　横に延ばす空間増殖の原理——三国（福井県）

日本海側にも、古い歴史を誇る港町がある。戦国時代までにすでに栄えていた三国は、三国神社を中心に発展した。その後、近世に入っても港町としてとどまることなく繁栄した。それに伴い、都市空間も河川に沿って海の方へ延ばしていく。近世における空間の方法は、既存の空間の構造や形態をあまり変化させることなく、パッチワークのように、外に拡大させた。そのこともあり、江戸時代以降にみら

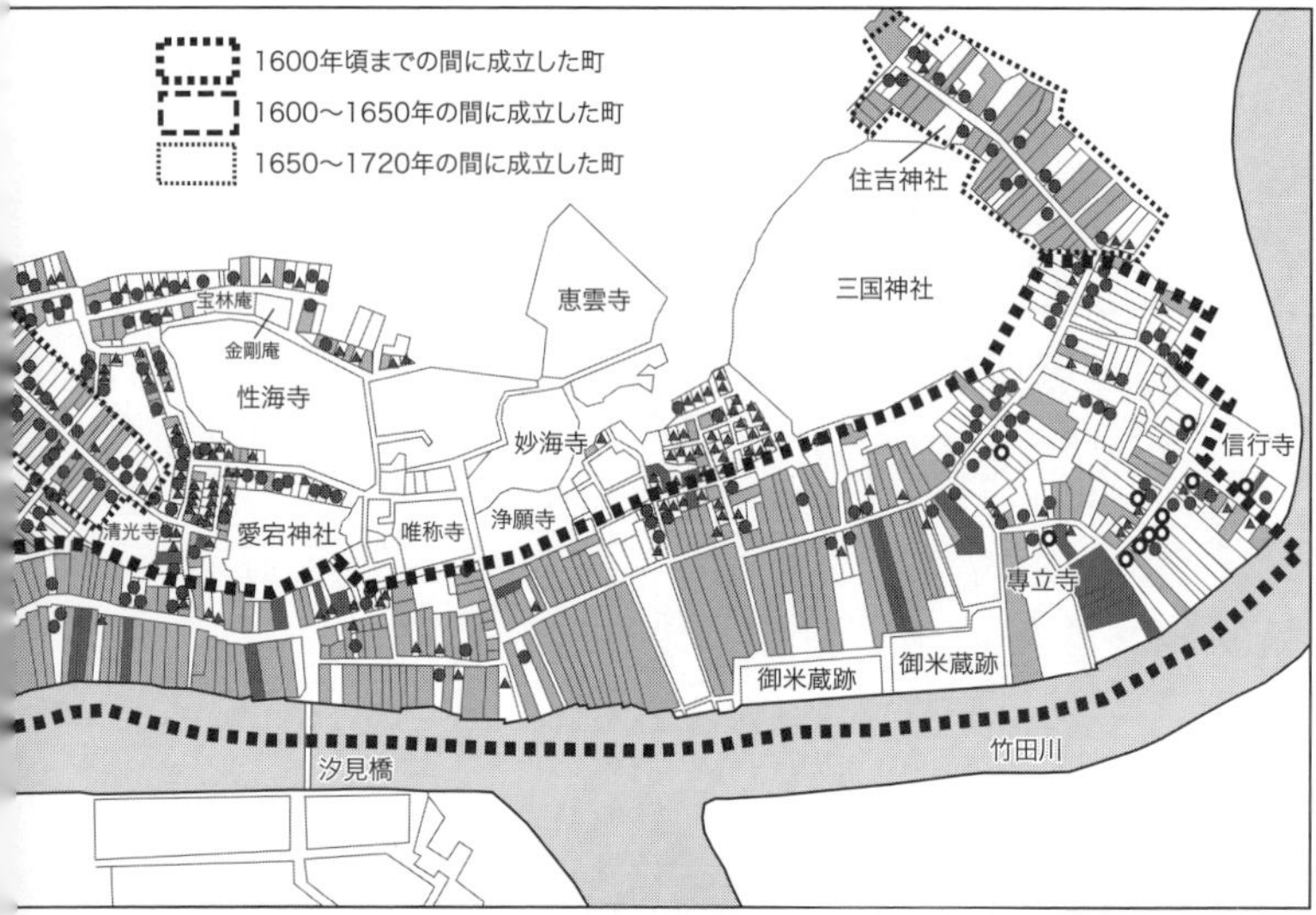

写真 4-16　三国の中心となっていた三国神社

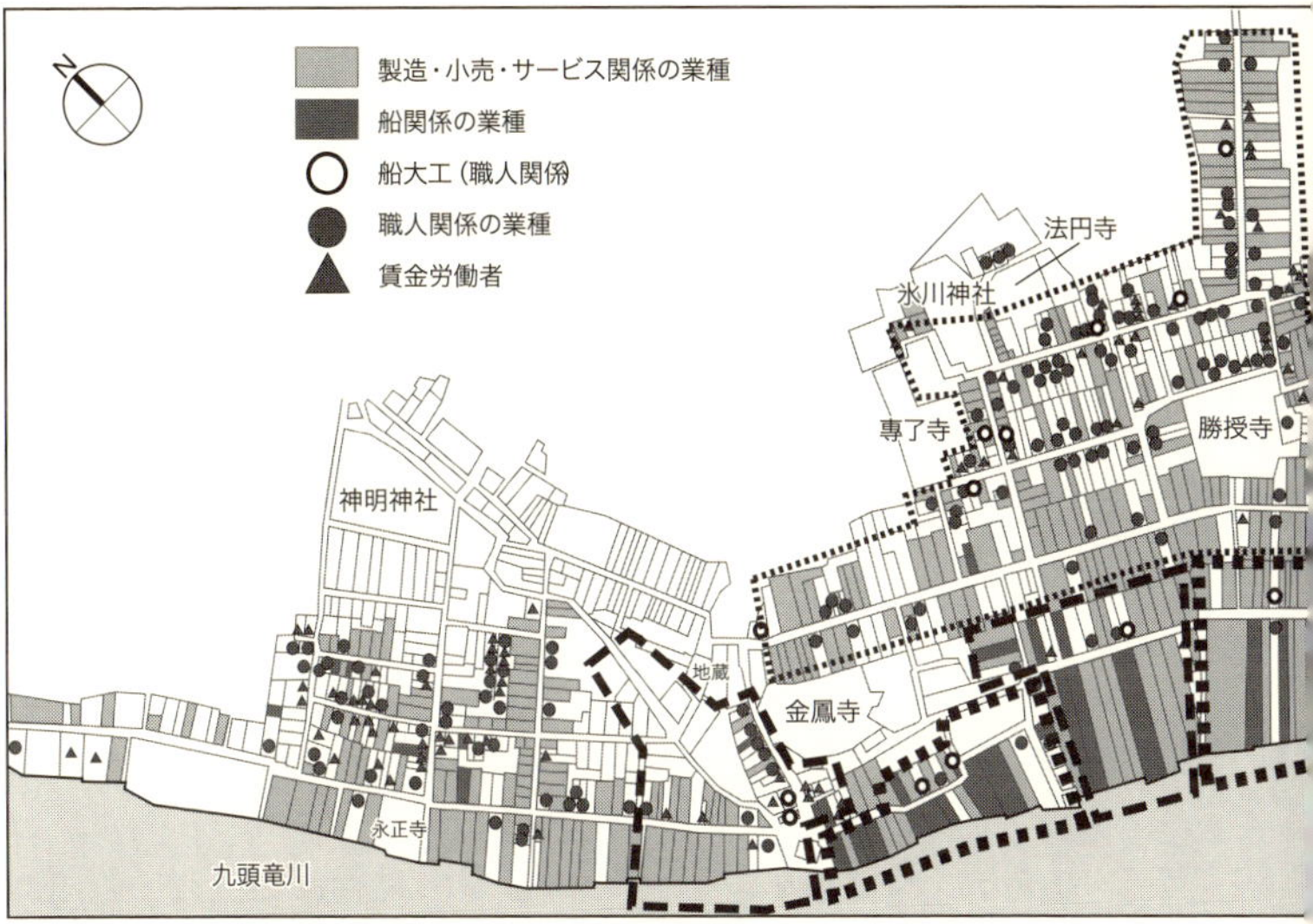

図 4-8　三国の都市発展段階と明治初年の主な職種分布

れる空間変化のプロセスが実によくわかる。

河口に向けて伸ばす短冊状の構造

三国は、九頭竜川沿い、その支流である竹田川河口付近に成立した。船上から、最初に目にする三国のランドマークは三国神社が祀られている杜である（写真4-16）。これは現在でも舟運が活発であった近世の風景イメージと重なる。三国神社から丘陵伝いに少し海側に目をやると、一三八一年創建とされる性海寺がある。海から訪れる者にとっては、丘陵の杜と寺の甍が目印となったと思われる（図4-8）。

水辺都市は、海や川側から見て、最も目立つ場所に核となる宗教施設が建ち、その下に湊と町がつくられた。今でも、三国を水面側から観察すると、都市を成立させる原風景が脈々と刻まれ続けるこの町の骨格が確認できる。都市を訪れ、最初に眺める位置が大変重要なのである。

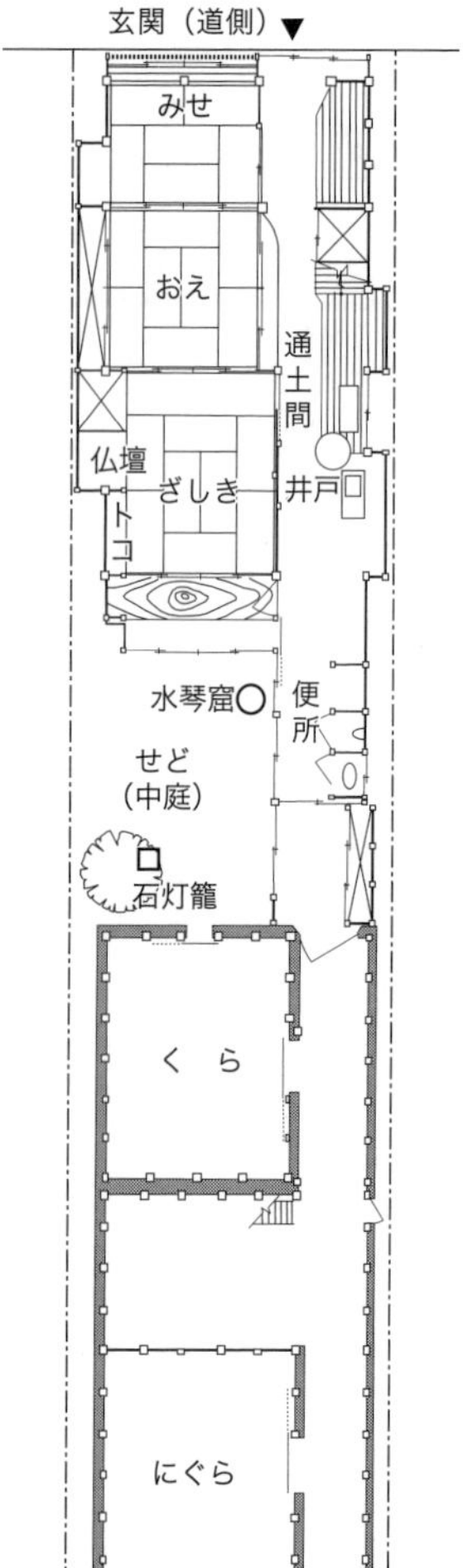

図4–9　かつて米問屋を営んでいた家の平面図（三国）

三国神社から性海寺に向かって、上ミ町、中元町、大門町、上西町と名付けられた町が連続する。そこを歩くと、町の名が替わるごとに、メインの道はかぎ状に折れ曲る。そして、道から川までの幅にかなりの違いがあることに気付く。三国では、一九八三年に詳細な民家調査が行われた。これらの平面図を比較すると、道側から「みせ」、「おえ」と呼ばれる部屋があり、次いで「ざしき」、「せど」となり、蔵が続く平面配置が一般的である（図4–9）。この配置を基本にして、部屋数を増やすが、道から蔵までの距離はどの建物もそれほどの違いはない。大きな違いを見せるのは水際に至る蔵の長さである。森田家の蔵の長さは実に五〇メートル以上もあるが、大門町にある蔵は一〇メートルに満たない。港町として繁栄した時、資力のできた商人は地先を延ばし、蔵を増やしたと考えられる。

港町の水際は、都市が繁栄することで、常に変化をしてきた。それは三国も変らない。ここがヴェネツィアなどのヨーロッパの石の文化と大きく異なる。石でつくられた水際空間は、上に建物を乗せ変化

写真 4–17　「かぐら建」の建築

させることがあっても、水際を大きく変えることはないからだ。だが日本では、舟運を基本とした水際空間が常に変化してきた。とはいえ、湊機能を維持し、水際を何百年の間変わらぬ機能的な風景としてきたことも事実である。現代の水辺空間との比較でいえば、変化の仕方が問題なのである。ヨーロッパとは違う空間を日本では継承してきたに過ぎず、水際を豊かに使いこなしてきていることは変らない。

都市文化集積の成長プロセス

三国は、近世に入ると内陸の丘陵と海側に市街を拡大させる。内陸側に道を通し、川側の舟運を中心とした町家に対する職人を中心とした業種の町を十七世紀中頃からつくりはじめる。丘陵を背に立地していた寺社は町中に取り込まれたかたちとなる。船関連の人たち、商人、職人が土地利用上の分化をしはじめる。中世から近世へ時代が移行するなかで、物流を担う問屋が水際を占有しはじめ、職人層との土地利用上の分離が明確化していく。そのことが港町をつくる段階から色濃く反映するのは近世初頭に誕生した新潟と酒田が代表的な例としてあげられる。ただ、中世に港町の骨格が形成された三国においても、はっきりと土地利用の変化が読み取れる。

三国の建築の特色は、母屋の表通り側に「かぐら建」の建物を付加し、それが独特の町並みとなっていることだ（写真4-17）。水際とは違った表現をしようとする意図がうかがえる。また、水際に建てられた町家の特色は、隣地と建物が隙間なく連続して町並みをつくりだしており、京都の通庭式の土間が建物各々にあり、川と道を結んでいた。この通り土間を抜けていくと、様々に蓄積された都市文化が迎えてくれる。居住スペースと物資を納める蔵の間には中庭がある。特別なものではなく、どこの家にもごく一般的に見られる。庭の隅には手洗いの水琴窟がさり気なく置かれてる。庭を眺める縁台など、建物の隅々に三国のこだわりが伝わってくる。

ただ気になることが幾つかある。永い歴史をかけて蓄積され、表現されてきたこの空間と文化の豊かさが、訪れる者に伝わらない。単純に通り土間を開放すればこと足りる話ではなく、土間を抜けた後の爽快感がない。蔵の先が意表をつく道路であり、川を見渡せない護岸が眼前に立ちはだかっているからだ。住民の安全を守るために築かれた意図に敬意をはらいつつも、これを出発点としてごく自然のなりわいのなかにあったはずの感動的空間を今一度評価する工夫が望まれる。そして、可能な幾つかの通り土間を持つ建物が訪れる人たちに開放されるならば、私たちは実に豊かな日本の伝統を肌で知ることができるだろう。それにかなう日本の極めて高い都市文化が三国にはある。

V

近世の港町のかたち

1　水際に描かれた短冊状敷地構造

十七世紀後半に河村瑞賢が港町間の舟運ネットワークの整備を試みて以降、港町は物流拠点として大いに発展する。船が頻繁に出入りするようになった港町では、大規模な都市改造を迫られる。地形など自然と融合する空間をつくりだしてきた仕組みとは異なり、水際を埋め立て、海際に短冊状の合理的な空間システムを描きだす。現在、港町を訪ねると、短冊状に割られた土地の上に町並みが形成されている風景に多々出合う。これが江戸時代前期の再開発で登場した景観である。

港町が大きく変貌するなかで、戦国時代の終わりころから江戸時代初期にかけては、多くの城下町がつくられた。城下町が戦いの拠点から、政治と経済の拠点に移行する時期でもあり、山城から、平山城、平城へと城の構造も変化した。城下町の立地も舟運に有利な場所が選ばれるようになる。城下町は、都市内部に湊機能を内包し、港町化した空間へと変化する。一方の港町も、都市空間を巨大化する。より面的な広がりを持つグリッド状の空間構成がかたちづくられた。

一　丘陵下に展開する短冊状の町並み——亀崎（愛知県）

まずは、近世港町の発展構造がよくわかる、短冊状の空間を描いてみせた港町・亀崎から訪れること

写真 5-1　海から眺めた亀崎

にしよう。港町を海側から見ると、その本来の姿が面白いように見えてくる。船上から眺める亀崎は、丘陵が西から東の突端まで長く横たわり、こんもりとした森で締めくくる（写真5―1）。この小高い丘には中世のころ亀崎城があった。そのふもとにある神前神社が海上の道しるべとなり、神社の参道は海まで延びていた。神前神社は、慶長十七（一六一二）年の棟札があり、少なくとも江戸初期から出入りする船を見守ったはずである。この神社を基点に、亀崎の市街は江戸時代西に向って発展した（図5―1）。

丘と海をつなぐ道

亀崎は、近代以降にできた道路を除けば、自然の丘陵を背景に道がつくられた。江戸時代に町の軸となった東西に延びる道を東に向って歩くと、海側にも丘陵側にも細い道が延びていることに気付く。特に、小道の数が海側に多く、海と深く関

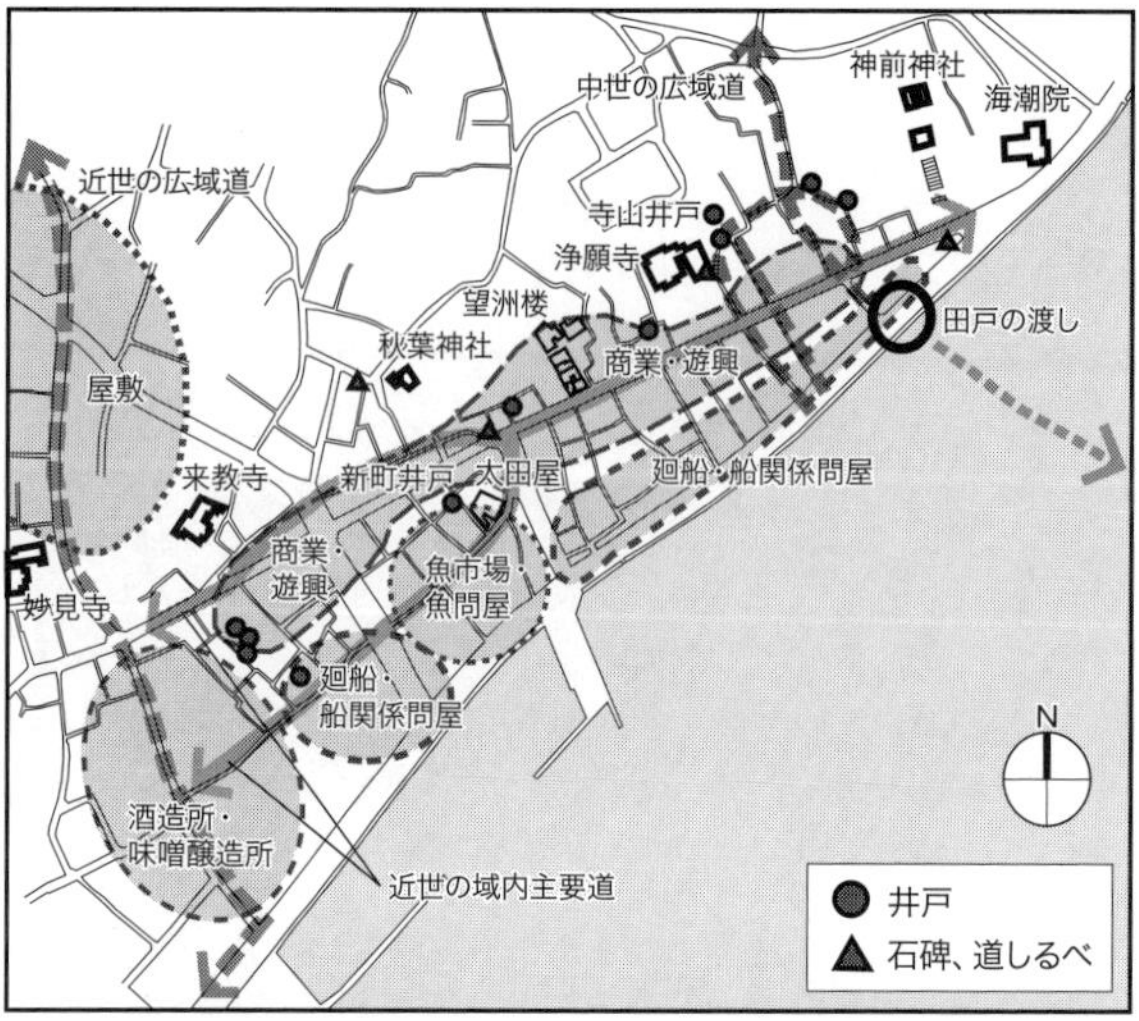

図 5-1　亀崎の都市構成

係してきた町の姿が感じられる。一方丘陵側は、神前神社に近づくにつれて多くなり、背後にある丘陵との関係が密になる。

中世に亀崎城があった高台からは、海の方向へ小道が延びる。途中幾筋かに枝分かれし、東西の広い道にぶつかり、さらに海岸まで達する。この道をかつては多くの荷車や人が行き来した。東端の道は、大店坂といわれ、田戸《たど》の渡しから三河まで結ばれていた。また、一番西側の道は、道幅が一定ではなく二メートルから三メートルの幅で狭くなったり広くなったりする。この道が折れ曲がるあたりに、「寺山井戸」と呼ばれる共同井戸がある（写真5-2）。上水道が普及するまで、周辺民家二〇軒あまりが利用した。井戸を核にした居住の場と、海に面する港とを結ぶ小道に沿うゾーンが中世亀崎の都市空間であり、ここに第一の発展段階を見ることができる。

写真 5-2　中世からの小道と寺山井戸

空間形成のプロセス

亀崎には井戸が多く、現在でも一一件を数える。港町に井戸は欠かせず、水量の豊富な良水の有無が重要だった。ただ、東側の井戸はあまり良質の水が出なかったという。むしろ、西側へ行くほど良質の水が出た。

江戸時代の業種をエリアに分けてみていくと、渡しのあったあたりは廻船問屋や鍛冶、船大工など、船に関係する業種が目に付く。後に、短冊状に敷地割りされた町並みが西側に拡大し、都市発展の第二段階を迎える。内陸の農村との関係抜きに、港町独自で都市経営が成り立ちはじめる。さらに、西端の新開地が第三段階として開発される。そこには海側に魚市場が置かれ、井戸周辺に蒲鉾や魚を商う業種の店が集まる。その他は、醸造業が広い敷地を占め、背後の台地に商いに成功した旦那衆が住まう。亀崎では、地形や水のあり方が業種ごとの住み分けを決定づけた。

いま一つ、寺社の立地場所と創建年代が町の都市形成を知る手立てとなる。亀崎では神前神社と秋葉社が東西道路沿いに立地する。秋葉社が一八一五年と新しく、神前神社とは二〇〇年以上の差がある。神前神社周辺にある二つの寺院、浄顕寺（一四六八年）と海潮寺（一五四五年）はいずれも戦国時代以前の創建である。一方、秋葉社以西では最も古い妙見寺（一八〇四〜一八一八年ころ）をはじめ江戸後期から明治期に創建されたものだけだ。

第一段階として、中世以前は浄顕寺と海潮寺に挟まれた丘陵部から海にかけての一帯に集落がまず形成され、江戸時代は東西の道の整備によって町並みを西に発展させる第二、第三の発展段階となる概略が理解できよう。

港の景観を楽しむ場

もう一〇年以上も前になるだろうか、安政二（一八五五）年に創業した老舗旅館「望洲楼」で料理を堪能した。望洲楼は、三代目から船宿をはじめ、当初東西道路を隔てた海側の平坦地で開業する。このころ、船宿がすでに二十数件あり、新参ものであったようだ。江戸時代には、多くの旅館が港町・亀崎の繁栄を担う廻船問屋や船乗りたちに場を提供していた。

船宿は市街に点在し、京三丸など屋号の最後に「丸」がつく店はみな船宿だという。江戸末期から明治中ころの主な客は、江戸の酒問屋が多く、地元では金物や油を営む太田屋が得意先だった。太田屋は現在も「新町井戸」近くに立派な屋敷を構える。

望洲楼は、明治に入ってからも順調に商売を続け、現在の場所で順次土地を買い足し、丘陵を登るよ

写真 5-3　望洲楼の座敷からの眺め

うに建物が増築された。そのため、玄関から各座敷へは、曲がりくねった迷路のような階段を登らなくてはならない。一番上にある最も眺望のよい奥まった座敷までは、視界の閉ざされた階段と通路を巡る。そこには、折れ曲がる階段や廊下の要所要所に、坪庭や角のちょっとした空間を利用して生け花などの演出が魅力的になされていた。最後に、閉ざされた空間から一挙に開放された空間に導かれ、素晴らしい海と町並みのパノラマが望めた（写真5−3）。

井戸を中心に発展した町

望洲楼の前にある東西道路は、昭和はじめに拡幅されたものである。ただ拡幅は北側の丘陵側だけで、海側は古い町並みが残った。海と深くかかわる南側の住人の発言力の強さは、港町であることを実感させる。

亀崎の都市構造は、東西の道が近世に通されてから変化する。中世との比較でいえば、丘陵に向っていた複数の小道からなる軸の意味が薄れ、東西に向う一本の強い軸に集約される。しかし、東西の道と海を結ぶ小道は重要視され続け、細い道が新たに何本も通されていった。

井戸は、東西の軸となる道から少し入った場所に掘られ、中世の井戸の位置と明らかに違う。良質な水を得られやすいことが井戸の位置をより湊機能に近づけた。

さらに町が西側に発展していくと、東西の道が二股に分かれる。十八世紀中ころは、町場の空間構成が丘陵側と海側とで異なる、第三の新たな発展段階を示す。亀崎の第二段階の町の発展よりも海岸線に近づいた場所に設けられた井戸周辺では、商いや庶民の生活空間が展開する。その一つが「新町井戸」と呼ばれる共同井戸である。

「新町井戸」は、水質も水量も申し分のない井戸だったといわれる。井戸周辺には、蒲鉾など水を大量に使う魚関連の業種が集まり、海岸には魚市場があった。現在、魚市場も、魚や蒲鉾を扱う業者の姿も見当たらないが、井戸周辺の道の空間構成は大きな変化がなく、想像をたくましくさせる。

井戸のある場所は、南北に通る道の中程にあり、井戸付近だけが幅約三メートルほどと広く、他は二メートル前後と狭くなる。この道には東側と西側に一本ずつ小道が通り、その幅は一・五メートル前後とさらに細い。井戸の周りに敷かれた御影石は、大分すり減り、多くの人たちが頻繁に利用したと想像できる。主婦たちの井戸端会議の場所だけではなく、町の活気の一翼を担う魚関係の人たちが良質の水を求めたからだ。

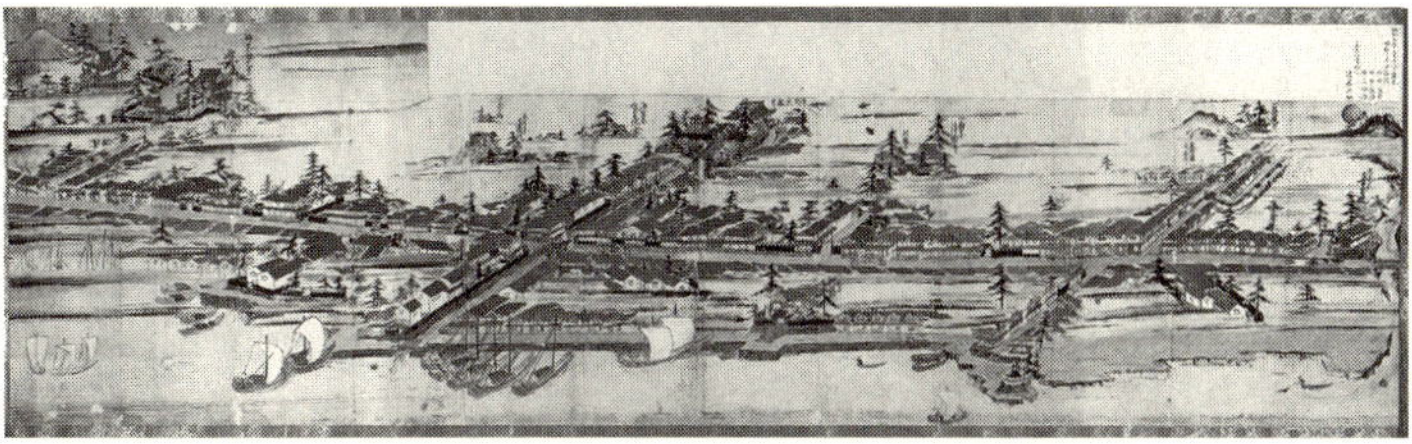

写真 5-4　江戸後期の大石田（「大石田河岸絵図」大石田東町地区所蔵）

二　川湊の空間構造――大石田（山形県）

中世から近世への変化

江戸時代、海に開かれた港町とともに、河川舟運の発達により、内陸の川沿いにも港町（川湊）が数多く成立し、繁栄した（写真5-4）。そのほとんどは、舟運の衰退と共に近代以降寂れていき、都市としての形態を失う。あるものは町並みの痕跡すら残さなくなるなかで、最上川舟運で栄えた大石田は、当時の様子を知る数少ない港町の一つといえよう。

町の眼前を流れる最上川は、河川勾配の大きい日本の河川にあって、水量の豊かさと、河川勾配の小さいことが特徴である。そのために、舟運に適した河道が山間部近くまで長く続き、山形や天童の物資も河口港の酒田に運び入れることができた。大石田はその上流と下流の物流集散の中継拠点として、江戸時代を通して重要な港町であり続けた。

大石田の地籍を調べると、最上川に直角に道が通されて短冊状に割られた町割りと、平行に道が通されて割られた町割りと、二つの異なる地籍による都市構造が同居する（図5-2）。

川と直角な、丘陵に延びる道は、不自然な形で一旦クランクし、さらに奥に続く。川と平行の軸が整備される以前、この道はもっと地形にそくした自

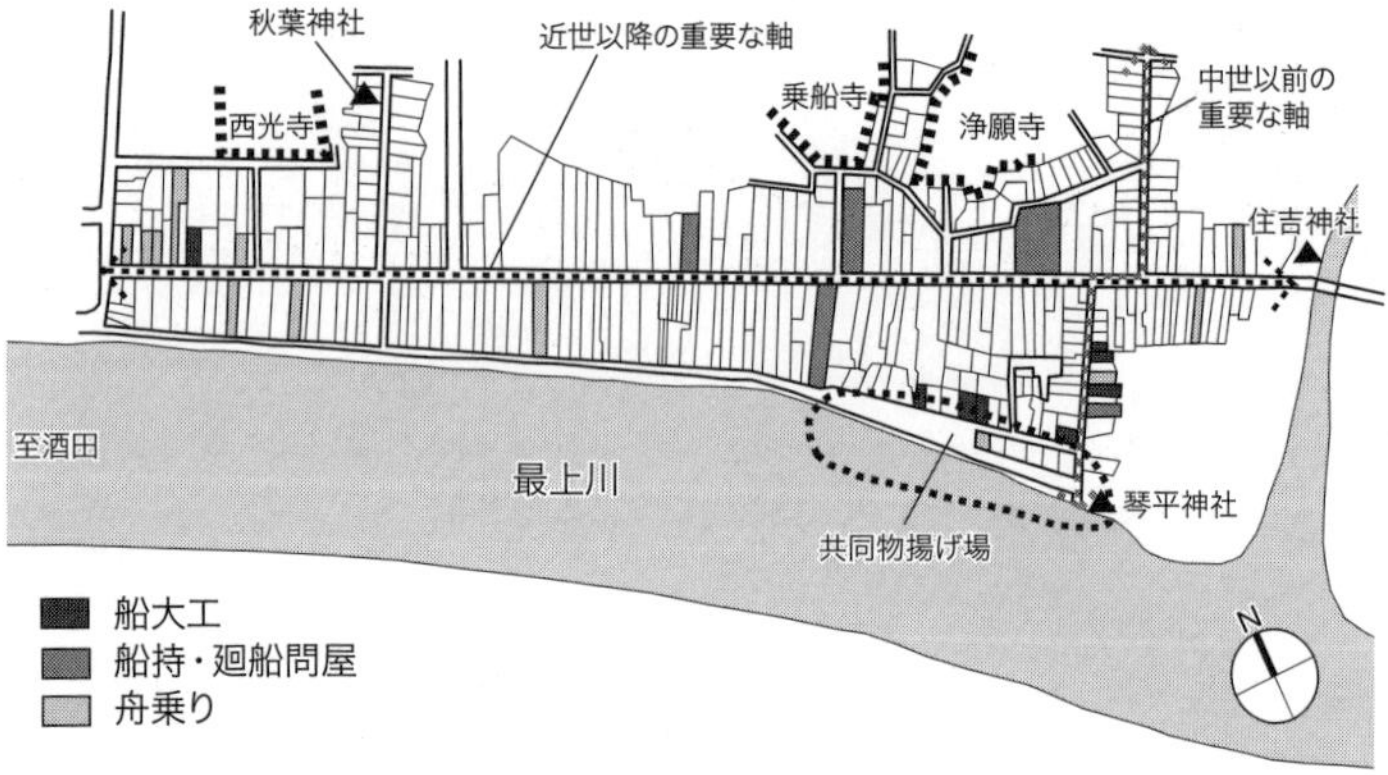

図 5-2　大石田の都市構造と舟運関連業種（明治初期）

然な形で内陸と川を結んでいたはずである。中世からの道の先には最上川河岸に現在船着場が設けられており、川下りの船が川面に浮かぶ（写真5-5）。古くからの河岸が現在も使われていることがさらに興味をそそる。

最上川は部分的に古くから舟運として使われ、大石田も舟運の中継基地として繁栄する以前から、常設的な施設が立地する河岸ではないとしても、川岸に物資を荷揚げする物揚げ場があり、洪水を避ける丘陵と平坦地の境の微高地沿いのイレギュラーな道に集落が形成された。そのことを暗示させるのが、永正十六（一五一六）年に創建した浄願寺と、その門前に通じる道である（写真5-6）。この細い道から、時代を下りながら寺院との結びつきが強められる。この河岸に向かって派生する道を浮き上がらせてみると、現在の整然とした大石田の近世的町並みも歴史の厚みのなかで新たに描き込まれていることに気付く。近世港町へと変貌し成熟する以前の、過渡期的な空間構造の痕跡がここにあるのだ。

浄願寺の門前から河岸に抜ける道、その先の河岸には川船方御役所が大きな敷地を占め、要所を押さえる。ここに、大

写真 5-5　最上川と川下りの船

写真 5-6　川と直角の道

石田における港町としての歴史的な表舞台が潜む。川船方御役所が置かれた時、大石田は大規模な都市改変を行い、川と平行な軸とともに、絵図に見られる慶長元（一五九六）年創建の乗船寺の門前を象徴性の高い軸に据えた都市計画がなされた。

多くの船が描かれた絵図から、門前の先に位置する河岸が重要であったとわかる。現在、道に沿って流れていた掘割の痕跡が残り、両側には古い蔵がある。往時を現在に重ね合わせることができる。昭和初期には、最上川を跨ぐように架けられた最上川大橋が架けられた。この時期すでに舟運が廃《すた》れていれば、自然とこの参道を利用するかに思えるが、橋は少し下流の江戸時代空地となっていた場所に架設された。現在の地図を見ても、町の構造とは関係なく架けられた状況がわかる。

港町としての蔵と建物

昭和初期の写真には江戸時代そのままの風景が切り取られている（写真5-7）。護岸がかさ上げされる以前は、最上川を遡ってきた船から、背後の寺社の杜とともに蔵がまず目に飛び込む。杜と蔵の間に川と平行に道が通され、短冊状に割られた敷地に整然と並ぶ町並みが川側から見えた。敷地の奥行は、下流に行くほど狭くなり、上流から下流に向かって町が発展したプロセスが読み取れる。明治から大正期にかけ、大石田では蔵座敷のある店蔵が好まれて建てられ、大石田は川側と道側の両面に蔵のある風景をつくりだし、町の重要な景観要素となる。

通りに面する店蔵に入ると、「ロウズ」と呼ばれる通り土間があり、道に面する店から河岸の蔵まで、「ロウズ」によって結ばれている（写真5-8）。京の都、あるいは港町として繁栄した三国で発達した

写真 5-7　蔵が建ち並ぶ昭和初期の最上川河岸

写真 5-8　「ロウズ」と呼ばれる土間
（大石田）

細長い敷地を有効利用する通り土間に通じるものがある。だがそれよりも発展した、建物内の「路地」的な雰囲気を感じさせる。あるいは、高田など雪深い地方の雁木が内部空間化したようにも思える。降雪量の多さは、さらに敷地境界にゆったりとした空地と庭をつくりだし、「ロウズ」は縁側にも似た開放的な空間をつくりだそうとする独自の工夫であろう。風土の違いが新たな空間表現に変化した興味深い例といえる。

「ロウズ」を抜けた先には、河岸に面して開かれた蔵がある。ただ残念なことに、対岸から見た護岸が現在目の前に暗く立ちはだかってしまっている。単に護岸を取り除けばよいということではない、これはもっと深い部分にあるこの町の都市文化の価値観が問われている光景のように映った。

2 近世の格子状の空間構造を持つ港町

一 近世都市計画の試み——酒田（山形県）

戦国時代の終焉は、舟運による全国規模での物流を拡大させ、拠点となる港町の都市規模はより巨大化をはかる。中世以前からの海への垂直軸と新たな並行軸を面的に構成する。豊臣秀吉の手により生まれ変わった大坂の船場、掘割が巡る内港都市となる以前の新潟（新潟県）、北前船の寄港地であり、最上川流域の物資の集約地であった酒田（山形県）は、丘陵に配置された寺院から海に伸びる軸線と、水際と並行につくられた道とがグリッド状の都市骨格をつくりだす。並行した道には水際から順に湊、商人町、職人町といった層ができる（図5-3）。ここうして、大量の物資を合理的に捌く近世港町の空間構造が完成する。

海に開かれた日本の港町は、古くから歴史を重ねてきたケースが多い。酒田も、最上川河口の西側、宮野浦あたりに中世以来の港町・「坂田」があった。しかし近世初頭には、東側の地へ移り、砂浜の開拓から、新たな時代に向けての再出発を果たす。その後の江戸時代、最上川舟運と、北前廻船の航路が

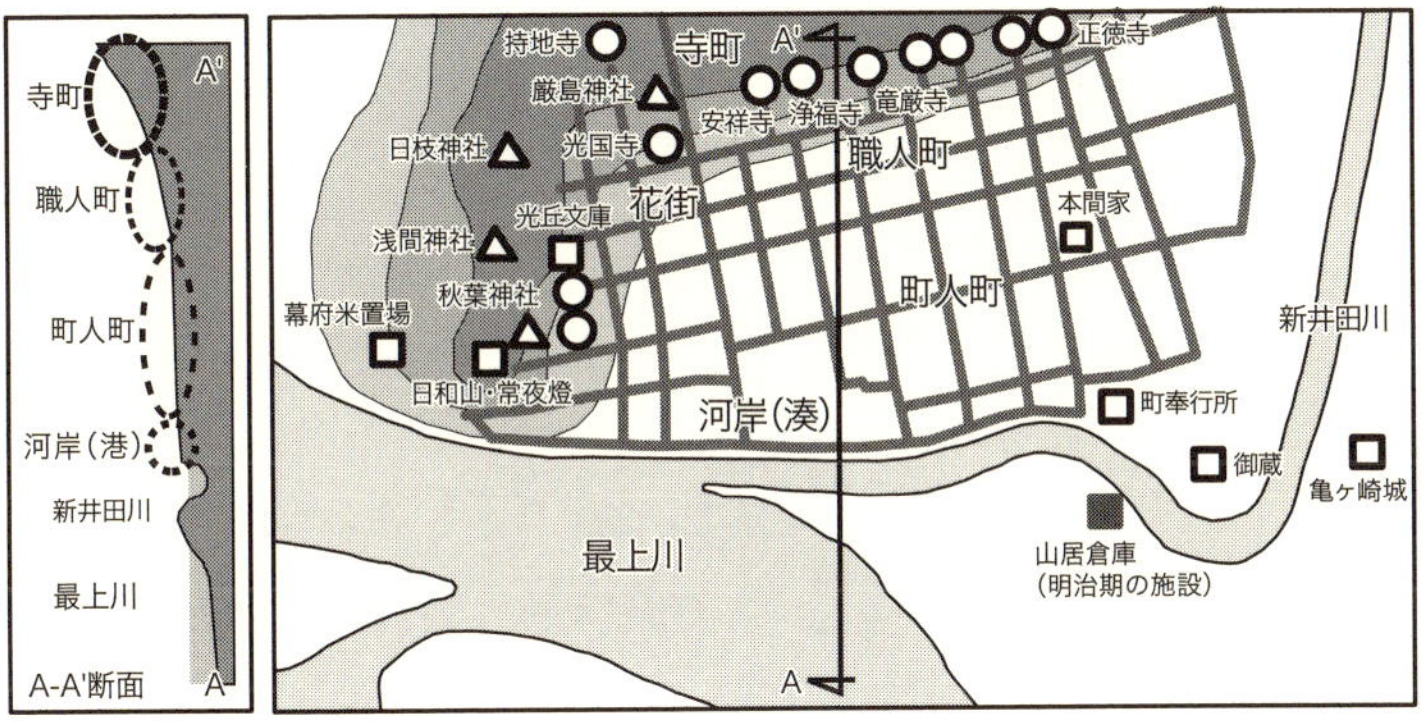

図 5-3　近世酒田の都市構造概念図

交差する要所として、最も繁栄した近世港町の一つに酒田は数えられるようになる。

風を受け入れた港町

河口や海に面する港町の特徴として、地形上の共通点がある。海を航行してきた船が安全に入港できるように、港町の背後には風除けの丘陵が必ず位置する。加えて、海上からの目印となる突起した丘、あるいは海に近い小山も港町成立の重要な地形条件となる。この水辺の高台は、日和山《ひよりやま》と称し、風の向きや潮の動きを知り、航行の安全を陸から確認する場である。酒田の日和山には、江戸時代の方角石が置かれ、そこに立つと最上川の河口付近や海が一望でき、当時の寄港する船や天候を見る人たちの様子がイメージできる。丘陵は日和山から「へ」の字を描き、寺院が立地する丘陵まで連続する。酒田の市街は、帯状の緑の丘に包まれ、計画的に港町がつくられた。

このような港町特有の地形条件を備えながら、酒田は日本海からの風が強く、昔から火事の多いところで有名であった。近年では、昭和五十一年十月に二千戸近い建物が焼失した大火に見舞われている。最上川の対岸、日本海から吹き込む風に背を向けて成立した中世の「坂田」の方が、港町立地にかなう条件であった。新潟は、酒田と逆に日本海からの風の対策が、北側の砂州に港町を新しく建設する大きな要因の一つとなった。それでも、最上川の北側に場を求めたのは、町に吹き込む風の条件を除けば、新天地酒田が港として絶好の立地条件を備えていたからである。

都市構造に潜む空間像

酒田は、港町の成立が近世以降ということもあり、港町全体の計画性が極めて高く、三国など、イレギュラーな形態で都市発展をした中世以前の港町とは異なる。酒田の都市構造上の特色は、縦軸と横軸が交差する明解なグリッドパターンである。横軸は同業種のまとまりあるエリアをつくる。水際は船で運ばれてきた物資を荷捌《さば》きする物流関連の業種が占め、その内陸側は横軸の道に沿って商業の層ができる。さらにその上が職人の住む層となり、丘陵の高台に寺院が並ぶ。縦軸は、異なる業種を串刺しにして、湊から丘陵まで延びる。湊を多くの人たちが共有できる構造となっている。

極めて明解に見えるこの都市構造は、実際に訪れても歴史性を実感できない。旧市街の町並みは新しい建物で埋め尽くされ、新興都市を訪れたような錯覚にさえ陥る。酒田が営々とかたちづくってきた歴史的文脈を、素直に肌では感じ取れないのだ。しかし、幾つかの歴史的な建物は、火災を免れ健在であった。

そのなかの一つ、鐙屋《あぶみ》は、近世初頭から廻船問屋として繁栄し、井原西鶴の『日本永代蔵』にも登場する。商いは、表間口が三十間、裏行六十五間の大規模な町屋敷で行われた。明暦二（一六五六）年の酒田町絵図に、表の通りから裏の通りまで抜けた鐙屋の広大な敷地が印されている。井原西鶴の活躍した時代は、長さの尺度がすでに京間（一間＝約一・九七メートル）から田舎間（一間＝約一・八二メートル）に変更された後だが、建設当初の酒田の町割りは、縦軸方向が京間六十間、横軸方向が京間四十間の街区を基本骨格にして計画された。丘陵から川に向かう細長い街区の構成と、それに沿う短冊状の地割りの痕跡により、縦に規則正しく延びる幾筋かの道が強い方向性をつくりだしたといえる。酒田にとっては、これらの軸が都市構造上極めて重要な意味を持っていた。

中心と周縁の二重構造

鐙屋が立地する本町通り沿いには、江戸中期以降酒田の港町をひと回りも、ふた回りも大きくさせた人物の商家が残る。「本間さまには及びもないが、せめてなりたや殿様に」と俗謡に謳われた本間家である。もともと酒田の豪農であった本間家は、一七六〇年頃から相場の神様と呼ばれた初代本間宗久と、本間家中興の祖と呼ばれた三代当主本間光丘の二人によって財力を急速に拡大させ、全国に名を馳せる豪商となった。中心部の市街に現存する旧本家の建物は、明和五（一七六八）年に、光丘が幕府巡検使一行の本陣宿として藩主酒井侯に寄進したものである。約五百坪の敷地には、表の通り側の杉柾や欅の見事な木材が使われた武家の造り、裏の全て板目の木材が使われた商家の造り、それらを建物中央の襖一枚で隔て、合体させる珍しい建築空間がつくりだされた。武士を立てながらも、相容れない商人の空間を共存させてしまう本間家のしなやかな力強さを感じる。

火災で焼け残った本間家ゆかりの建物はこれだけではない。丘陵の裏側につくられた回遊式庭園のあ

写真 5-9　山居倉庫の蔵並み

る旧別邸をはじめ、重厚な切り妻屋根が連続する山居《さんきょ》倉庫、厳かな山王日枝神社、大正十年につくられた銅板葺き鉄筋コンクリートの光丘文庫の建物など、現在の酒田市の観光スポットの多くが本間家の資金投入でつくられた。しかもこれらは、グリッド状市街の外周、川と丘陵にいずれも位置する。

火事に見舞われやすい酒田の土地柄が、中心と周縁の二重構造をつくりだしたことにより、別のかたちで火災のリスクを回避する環境を整えていたことに気付く。近世港町特有の川と平行した軸を強調しながら、グリッド状の構造をストレートに表現し続けたのは中心部である。一方で、川と丘陵の自然環境でリンクする周辺部には重要な施設を再配置した。

近代以降、酒田の空間の特色をさらに具体化したのは、明治二十六（一八九三）年に物流基地のシンボルとなった山居倉庫の出現である（写真5

―9）。川の中の砂州につくられた立地と、夏の西日と強風を防ぐケヤキ並木は、この港町の中世回帰を別のかたちで表現しているようにも思える。酒田特有の二重構造のフィルターを通すと、単純な港町の構造を持ちながら、その歴史性をすんなりと現実の都市空間で体感させてくれない要因が見えてくる。度重なる大火は、都市構成上の重要な施設を水際と山際の周縁に立地させ、空間の秩序を複雑にシフトさせてきたのだ。今少し、丘陵から最上川に向かう縦軸を再評価し、街全体の中に位置付けるならば、歴史的な骨格が残るグリッド状の中心部と、古い建物が残るイレギュラーな周縁部との二重構造の面白さが、現在の酒田においてもクリアーに体感できるはずである。街づくりは、固有の歴史プロセスを共有できなければ、町の個性は消えてしまう。

二　縦横に水路が巡る河口港町――新潟（新潟県）

運河のない港町の空間構成

高度成長期、東京は運河の埋め立てが盛んに行われた。だが、それよりもはるかに徹底して「水の都」から「陸の都」に変貌した都市が新潟である。新潟は、陸の論理からすれば表層に刻まれた厄介ものの運河をいさぎよく否定し、最も積極的に車社会に順応させた優等生の都市である。そのために今日新潟を訪れても、碁盤目状に張り巡らされた運河はすでになく、広い幅員の道路が縦横に走るだけだ。車を走らせるには便利になったが、歴史を担ってきた都市とは思えない、殺伐とした風景が続く。

日本において、運河を縦横に巡らせた都市は少ない。そのなかにあって新潟は、運河を巡らす都市で

写真 5-10　運河があったころの風景（一番堀，昭和初期，新潟．『新潟のまち　明治・大正・昭和』新潟日報事業社，1972 年より）

ありながら、いとも簡単に運河を埋めてしまった（写真5-10）。その背景には新潟独特の都市空間形成の履歴と関係がありそうだ。

新潟の港町づくりは砂州の上からはじまった。多少の起伏があるものの、背後には小高い丘陵を持たない、平板な都市である。それでも、砂州の盛り上がりを利用し、微高地には大坂や酒田のように寺院を配置し、その前面の平坦地に碁盤目上の町割りがまず施された（図5-4）。前面の水際は湊となった。土地の高低差があまりないなかで、戦国時代の典型的な港町像を新潟はまず描いて見せた。したがって、初期の新潟には運河が存在しない。

新潟は、戦国時代まで信濃川とともに、阿賀野川が流れ込む河口にあり、流路が幾度も変化するなど、安定した土地を得難い環境にあった。一方舟運の利便性から見ると、河川と海が合流する要所となる申し分のない場所であった。新潟は、長岡藩をバックボーンに、砂州のなかで最も安定した土地に港町の基本的姿を描いてみせた。

運河のある港町の空間構成

物流拠点としての地位を確立し、維持してきた新潟は、舟運の要所にあることから、前島となる白山神社が置かれた砂州などに、湊を求める他藩との争奪の場ともなっていた。ここに、新潟が次の港町建設に踏みだす社会環境が生まれる。攻防の場であった白山島、寄居島を中心とした不安定な砂州に、港町を再構築し、運河が巡る都市・新潟がつくりだされる（図5-5）。

まず寺町が旧来の湊の前に移転し、不安定な土地に寺町が形成され、土地の安定が図られた。その前面にはかつての川の流れを活かした運河が整備される。白山島と寄居島を中心に運河が計画的に掘り込

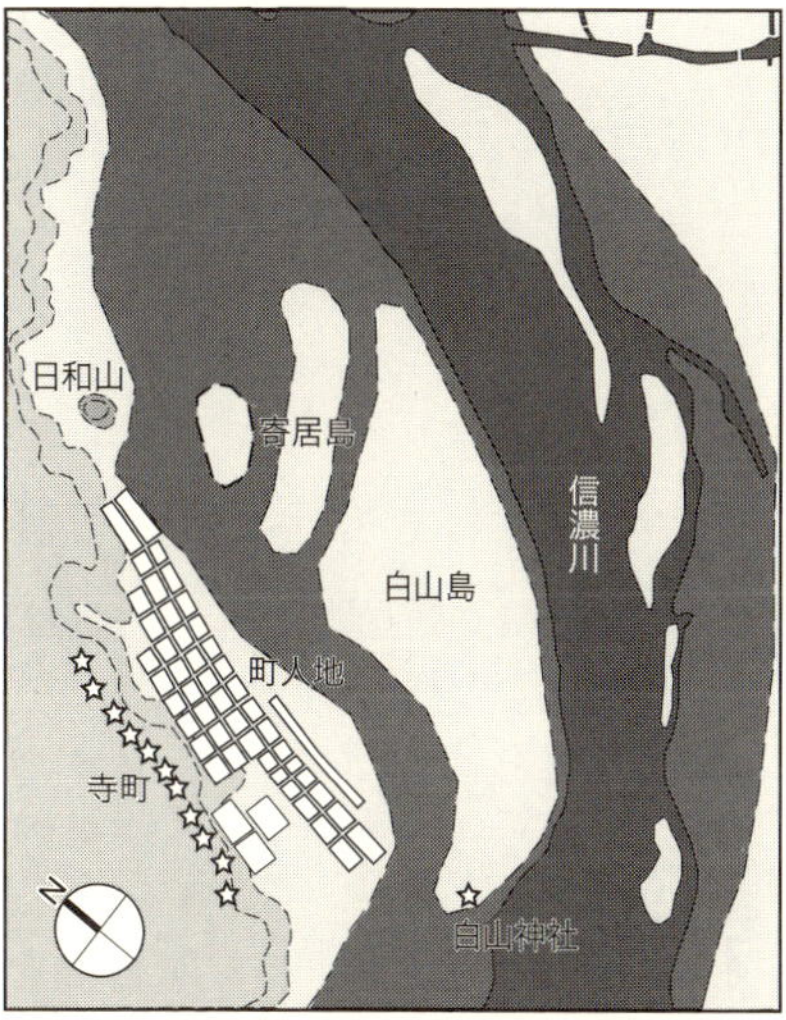

図 5-4　水路網が整備される以前の新潟

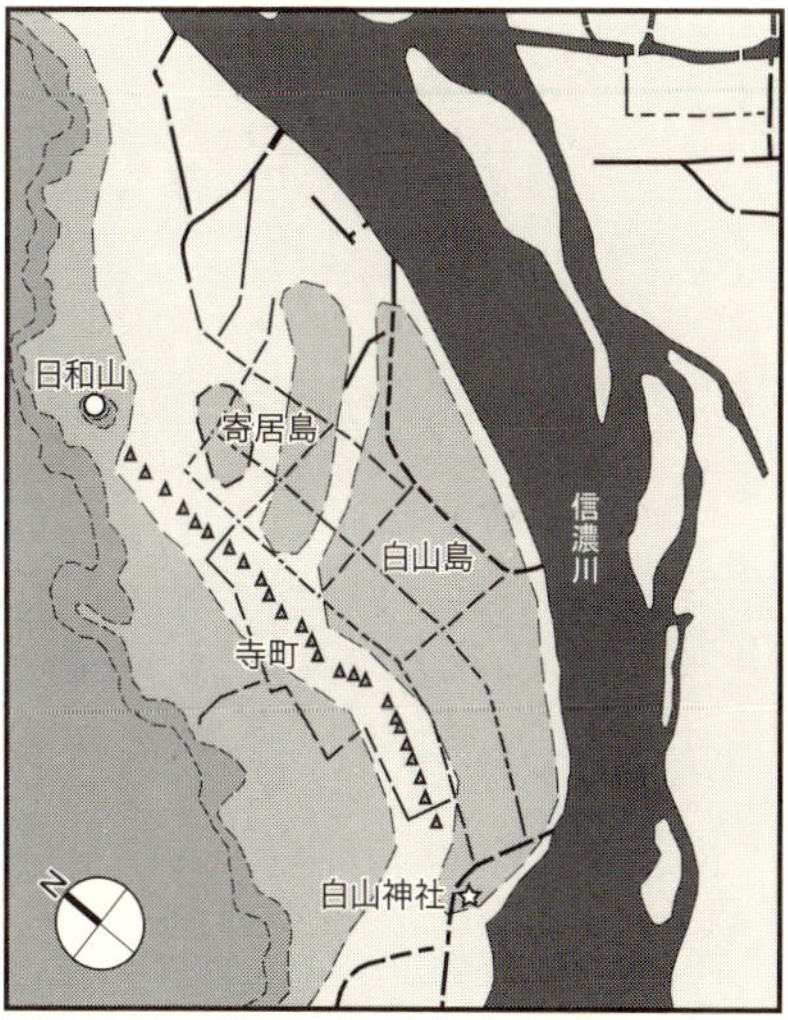

図 5-5　水路網が整備された後の新潟

まれ、町人たちが移り住む。現在でも新潟を訪れると、寺町が最も低い場所に立地する不思議な体験をする。水の守りとして、土地を安定させる要に寺院が置かれたとわかる。

新潟の都市改編は、舟運を意図してつくられた。車社会が都市において最上位に位置付けられても、新潟には水の都としての基本骨格がそのまま潜み続ける。舟運のためにつくられた都市構造は変わっていない。

これからの環境の時代、新たな新潟像を描きだす手掛かりとして、新潟という歴史が生みだしてきた運河の特異性は重要な意味を持ってこよう。それは、現代都市・新潟が陸の視点で解決できなかったもう一つの豊かさがそこに秘められているからだ。積み重ねられてきた歴史の厚みを将来に向けて甦らせる手法が運河再生にはある。車以外の選択肢が有効性を持ちはじめた現在、都市がどのように歩んできたのかを将来の価値にする試みは重要性を増す。

三　城下町に内在する港町の多面性——大坂（大阪府）

内港都市の誕生と掘割の現在

豊臣秀吉がつくりあげた大坂の城下町は、縦横に細かく運河が巡る構造ではなかった。大坂が水の都となるのは、江戸時代に入り、船場の前面にある干潟が運河の巡る都市空間として整備され、その魅力が存分に描きだされてからである（図5-6）。この点において、大坂は新潟と同様な水の都市の転換点を表現しており、興味深い。

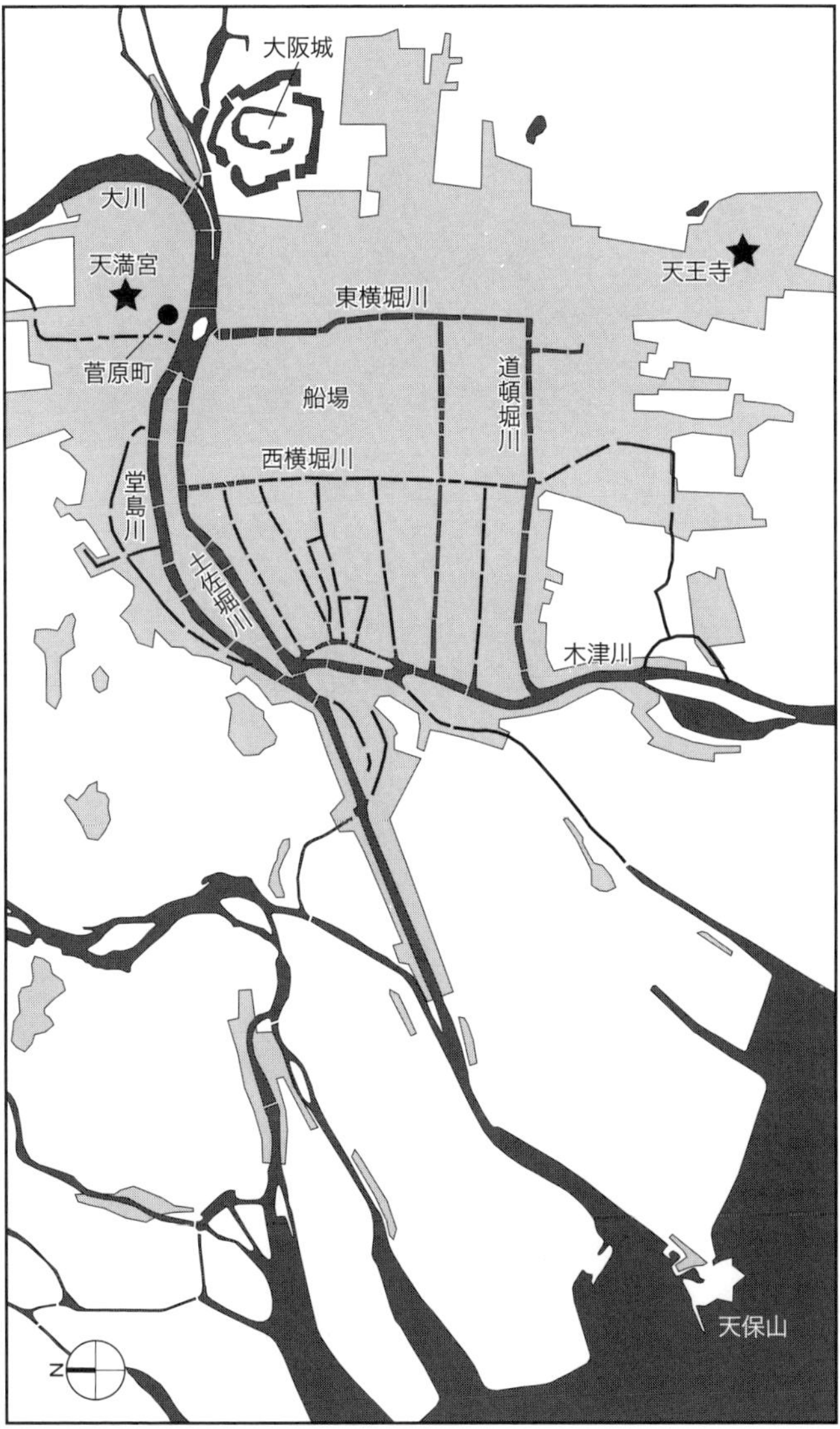

図 5-6　明治 10 年代の大阪の水路網と市街

転換のきっかけとなった江戸時代初期は、全国をネットワークする舟運構造の仕組みが都市のあり方を大きく変貌させた。船場の西に位置する一帯は、湿地と砂州からなる湿潤な土地であった。そこに舟運を基本とした活発な商業活動の場とする、莫大なエネルギーが投入された。東西に延びる運河の幅は、土地から水を抜き安定させるために、はじめは広く取られた。土地が安定するにしたがい、運河の幅は徐々に狭められ、多くの船が出入りする活気に充ちた空間となった。

舟運を目的とした運河を持つ都市は、常に浚渫《しゅんせつ》という労が付きまとう。人工的に水の都市を描きだすツケと思われがちだが、自然と呼応しながら水面を利用してきた証《あかし》が浚渫といえる。道路が痛んだ時に舗装するのと何ら変わりがない。それを怠った時、水の都は意味を失う。浚渫土砂で築かれた天保山を名所にまで仕立て上げた大阪のエネルギーは、別の方向に向い、戦後水辺空間を埋めてしまった。その場所が主に江戸時代の運河網である。

現在、大阪が水の都であると自己主張できる場は、旧淀川（土佐堀川、堂島川）であり、船場の東を流れる東横堀川であり、大阪を代表する道頓堀川、そして木津川に限られる（写真5-11〜14）。現在の大阪は、水の骨格ともいえる太閤秀吉の時代をベースに、水の都市を模索しはじめている。道頓堀が親水空間となり、全国に先駆けて水上タクシーを運行させるなどの興味深い活動と、今も現役で航行している渡船の存在があり、水の都に仕立て上げた底力を発揮し得る期待感がある。

ただ舟運をキーワードにするならば、繊細に通された運河で描かれた大阪らしい水辺空間は、江戸時代に整備された運河網にある。そこに大阪の水の都としての価値が問われており、新潟と共通するジレンマがある。本格的な舟運時代の到来は、江戸時代の運河網の復活とともにあるように思える。さらに

写真 5-11　旧淀川（土佐堀川，堂島川）

写真 5-12　東横堀川

目を転じて、大川（旧淀川）の対岸に思いを馳せると、また異なった港町の姿が浮かび上がり興味を引く。

写真 5-13　道頓堀川

大川沿いの河岸の賑わい

夏、大川（旧淀川）を船で埋め尽くす、天神祭が開催される。大阪が水の都であると再確認する一大イヴェントだ。天神祭は、菅原道真を祀る天神（現大阪天満宮、九四九年）が起点となる（写真

写真 5-14　木津川

写真 5-15　菅原道真を祀る大阪天満宮

5-15）。

その大阪天満宮の門前に、菅原町がある。だがそういわれても、位置関係も、町のイメージも浮かばない人が多いに違いない。大坂城、天保山、中之島、御堂筋と、名をあげていっても、菅原町の名は最後まででてこない可能性がある。

菅原町は十七世紀中ごろから乾物問屋の町として歴史を刻みはじめた。今歩いてみても、どこか江戸の空気が流れる。確かに古い蔵が所々に点在するが、それだけではない。

江戸時代以降、高度に都市発展をとげた大坂は、火事や洪水の被害を数多く受けてきた。当然、大川沿いに位置する菅原町も同じと思ってしまうが、不思議と災害から免れ続けてきた。その分、現在の大阪のなかでも人の交わりの濃い地域コミュニティが空気に織り込まれ、不思議と空間の仕組みに江戸の風情をにじませる（図5-7）。

大阪は、都が置かれた時もあり、歴史は古い。

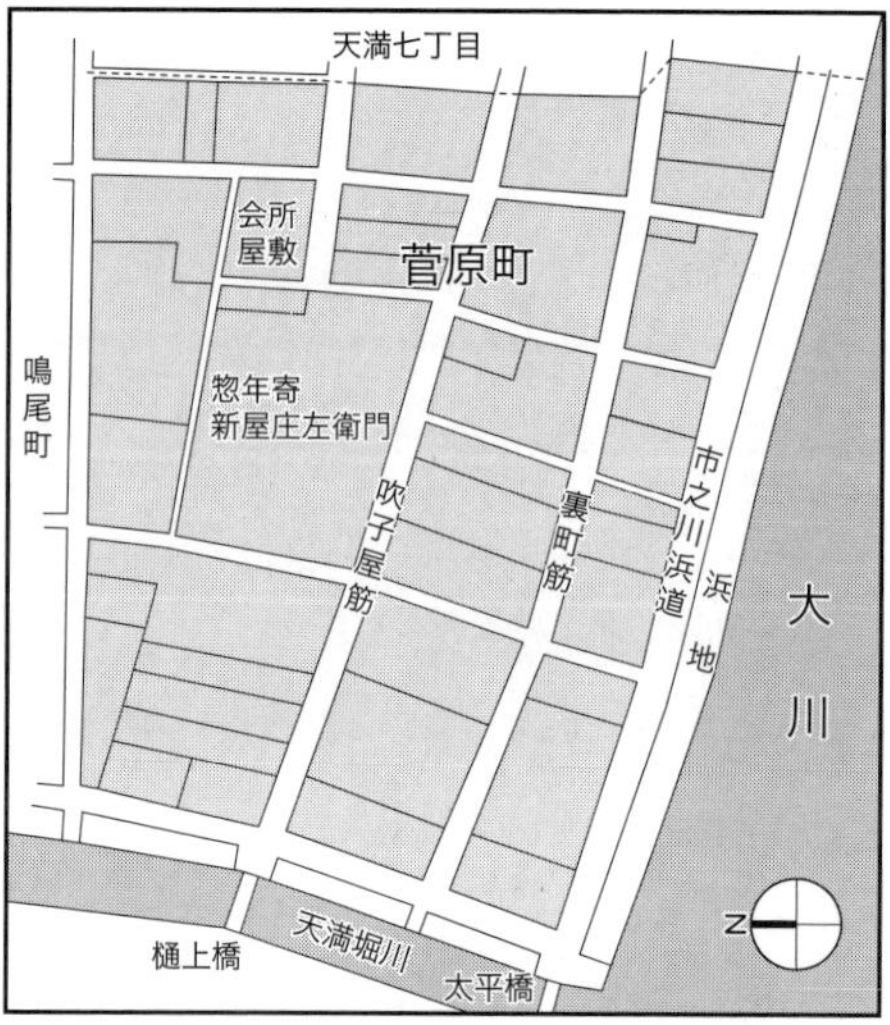

図 5-7　江戸時代後期の菅原町

仁徳天皇の時代、大坂に流れ込む大和川を改修し、同時に大川が開削されたという。また、奈良、京に都があっても、大川は舟運による物流のルートであり、中継港として大坂は重要な役割を担い続けてきた。

　今日に通じる都市空間を大坂が整えるきっかけは、蓮如上人が現在の大坂城の場所に大坂本願寺（別名石山本願寺）を建立してからであろう。寺の前面の広大な土地に、寺内町が形成され、大坂城京橋口付近が最も人の多く集まる、賑やかな場となった。広域から訪れる信者たちは船を仕立て、大川の河岸に降り立った。また、河岸には八軒屋浜などの物揚げ場がつくられ、大坂が水の都に変貌していく軌跡を描きはじめる。

　都市人口の増大は、市場を生む。天満青物市場は、石山本願寺の門前の市としてまずはじまる。豊臣秀吉の時代になると、大坂城を築くために、京橋南詰上手に市場が移された。同時に、城下町が整備され、町人地として碁盤目状に町割りされた船場が誕生する。

　そのころ、大阪天満宮の周辺一帯は、「天神の森」と呼ばれる緑豊かな土地柄であったという。秀吉は、天正十四（一五八六）年城下防禦の一策として、神聖な場所に手を加える。北の守りを固めるために、現在の扇町公園一帯の広大な敷地に川崎本願寺（天満別院）の建立を許可するとともに、外濠の役割をもつ東横堀川が大川を越え北に一直線に伸びるように、天満堀川が開削された（写真5–16）。

江戸時代に入ってからは、大川の南にあった市場が街道整備にともない、土地は片原町（都島区相生町）に移される。だが市場としては向かず、承応二（一六五三）年の四代将軍家継の時、市場は青物商を中心に、乾物商、生魚商の一部が加わり、大川の対岸、天満の地に移転した。

写真 5–16　かつての天満堀川沿いに建つ蔵

門前に成立した市場

江戸時代は、舟運が全国をネットワークし、物流の機能と量が拡大した。特に大坂に物の流れが集中し、全国各地から米穀をはじめ、材木、炭、酒など、あらゆる物資が荷揚げされた。それは、産物がまとまればまとまるほど、また金や銀の貨幣に早く替えようと思えば思うほど、大坂に荷を運び入れる有利さがあったからだ。大川の北に位置する大阪天満宮の門前、官許の天満青物市場は、野菜や乾物の一大集散地として繁栄し、賑わいを

写真 5–17　現在大川沿いの天満青物市場跡

極めたため、その後青物市場に隣接した天満裏町に魚類商や乾物商が独立し、天満魚市場ができた（写真5–17）。市場の西側一帯は、乾物を中心にした問屋が軒を並べていった。現在の菅原町である。

江戸時代は、日持ちの悪い生ものは一部の人たちが口にするだけで、備蓄食料である乾物が食生活の中心であり、大変重宝された。それも、冷蔵庫が家庭に完備し、冷凍技術が飛躍する半世紀前までは、家庭になくてはならない必需食品であった。

「かんぶつ」は「乾物」と「干物」の二つの書き方がある。魚や貝に塩をふって干したものを干物、食用の植物を乾燥したものを乾物といい、菅原町は乾物を商った。全国で作られた乾物がいったん菅原町に集められ、相場が菅原町で決められ、再び各地に送られていた。人と物が溢れかえる当時の喧噪は想像をたくましくする他ないが、現在

写真 5–18　大川の河岸に降りる階段

も現役で活躍する蔵の中に入ると、いろいろな場面が思い描ける。物が活きて残されることの迫力を実感できる。

奥行きを持たせる道空間

江戸時代の主要な交通路は川や堀割である。軸となる河岸の物揚げ場を起点に、毛細管のように内陸に道が伸びた。菅原町が面する大川は、大坂において最も主要な舟運航路であった。川側の堤には、川を溯る船を引くために使われる一メートル幅の「舟引き道」が整備され、活発な船の出入りがあったことを物語る。

舟引き道の陸側には共同荷揚げ場への階段が設けられた（写真5–18）。ただ、江戸の日本橋川沿いの河岸に見られる、恒久的な土蔵造の蔵が建ち並ぶ風景ではない。「浜地」と呼ばれ、空地の土手が続いていた。その浜地目指して多くの船が接岸し、荷の上げ下ろしをした。

天満周辺の軸となる主な道は、東西が京間四間（約八メートル）、南北が京間三間（約六メートル）を基本の幅とした。南北の筋は大川沿いの浜地を起点としており、舟運との結び付きの強さを示す。町並みをつくるというより、河岸から荷揚げされた物資が行き交う道であった。

菅原町のメインの道は、浜地から運ばれた物資を売る乾物商の店が建ち並び、「天満市之側」と呼ばれていた。この道は市場を貫くように東西に五十三町あり、南北の天神橋筋の五十九町四十三間に次ぐ長さを誇り、重要な道であったとわかる（写真5―19）。

その道沿いにある商家の裏側には裏町筋が通され、道に面して商家の衣装蔵が建てられた。裏町筋の奥には、銅の精錬所が並ぶ吹子屋筋があり、江戸時代において都市繁栄のバロメーターの一つ、銅を生産する場が菅原町に存在した。さらに北の

写真5-19　河岸から南北に伸びる道沿いに建つ蔵群

写真5-20　蔵を改装した喫茶店

土地は良質の水が湧き、造り酒屋があったという。単に乾物を商うだけの町ではない、港町に欠かせない、技術と水の供給を菅原町は備え、人が住み商う以上の環境をつくりだしていた。

近代以降変貌を遂げてきた、現在の菅原町は、大川対岸の商業・業務空間とひと味もふた味も趣を異にする。大阪のど真ん中にあるにもかかわらず、歴史を重ね、ゆったりとした時間が流れる。確かに、時代の趨勢に取り残された感はあるが、逆に紋切り型ではない町のあり方を発信できる空間の厚みを残し続けてきている。近年、蔵を改装した喫茶店やライブハウス、住宅を改装したレストランが町に溶け込むように色を添える（写真5‐20〜21）。これらも、不思議と町の空気になじみ、町を育てる一因となっているようで興味をそそられる。人の交わりの濃い地域コミュニティと、新しい動きがうまく連鎖しはじめているかにも思え、これからの町のあり方の一つとして期待が膨らむ。

写真5-21　住宅を改装したレストラン

3　掘割が巡る内港都市の多様性

一　要塞としての水郷都市――柳川（福岡県）

十二、三世紀に東方貿易で繁栄したイタリアのヴェネツィア、十三世紀以降に頭角をあらわし、十七世紀の黄金時代を迎える前に水の都の基本骨格ができあがったオランダのアムステルダム。この二つの都市は、要塞をかたちづくる水が重要なポイントとなる。湿潤な土地という不利な条件を逆手に取って、強固な水の都市を成立させた。だが運河が巡る日本の都市の多くは、江戸時代の泰平の世になってから充実しており、時代背景が異なる。

日本は、起伏に富んだ地形から、要塞都市の場所は山が多く、浅瀬や湿地にその場を求める数は少ない。ヴェネツィアやアムステルダムのような都市が日本に無かったわけではないが、湿地に出現した要塞都市の多くが現在すでに失われている。水没したり、水田地帯に変わった。そのなかで柳川は、運河が都市防御のために成立しながら、江戸時代、そして近代、現代を生き抜く。それは、柳川が江戸時代初期において、人工の手が様々に自然の川に加わり、水郷都市に再編した経緯があるからだ。

柳川の水郷は、自然を単に享受したものではない、歴史のなかで培われてきた人々の努力による技術の結晶であり、芸術作品である。そこには、怠慢が許されない自然との日常的な付き合いが必要であった。特異な水の環境は、水の文化を極めて高度に、しかも持続的に維持してきたことによる。そして、自然のなりわいのように描かれた水の構図が今もある。

最悪の環境から優美な水の風景へ

柳川は、有明海に注ぐ筑後川の河口から二三キロメートル上流まで海水が遡る低湿地である。しかも、地下水の恵みに乏しい。本来ここに町をつくるべきでなかったというのはたやすいが、ヴェネツィアやアムステルダムの都市の魅力に接すると、単純に都市をつくる有利な環境を選択することだけが都市文化を生むわけではないことを強く感じる。

柳川が水郷として確立したのは、十七世紀に入って間もない頃である。田中吉政が柳川城主として入国した慶長六(一六〇一)年にはじまる(図5-8)。有明海の水位は一日の間に六メートル以上も上下する。当時、この自然の変化を巧みに利用して、矢部川、二ツ川などを大改修し、分水工事、用水の開削、堤の築造を大規模に行い、飲料水ともなる良質の水を城下や田園に引き入れる雄大な水のシステムがつくりあげられた。その結果、各々の家の前に必ず掘割がある特異な城下町を誕生させた(写真5-22)。

このような柳川の劇的な変化を一日で体感するには、有明海で漁をする、北原白秋生家近くの入堀を訪れることだ(写真5-23)。満面の水が引けていく時、多くの船が海を目指す。はるか先まで砂底が広がる。そして、再び水が満ちてきた時、海の幸を載せた漁船が寄港する。自然の呼吸にこの町が同化している。この人々と大自然の呼吸が、さらに九州山地から流れでた矢部川の流れと結び合い、人を寄せ

図 5-8　現在も縦横に水路が巡る柳川

写真 5-22　市街のなかを抜ける運河

写真 5-23　柳川の港

つけない、海水が混じり合う湿潤な土地に、人々が生活する場をつくりあげていく。

矢部川は様々に人の手が加えられ、自然の水を極めて人工的にコントロールした川である。干拓でできた田園や、城下町となった市街にも細やかな水のコントロールシステムが組み込まれる。良質の水を取り入れる取水口、排水と海水の逆流を止める水門、目に見えない旧堤防や道路の下にも樋管がはりめぐらされ、水のネットワークを継ぎ木する。驚くべき自然との融合の戦いがあり、しかもその結果として和やかな風景が目の前に展開していることを知る。

水は量だけではなく、時間でもコントロールされる。矢部川水系に設けられた治水、利水施設は数千にも及ぶといわれており、日常の潮の干満や大雨、乾季に合わせて精密機械のようにのどかな水の構図を支え続けてきている。柳川の水は現在に生きる人の結び付きと、歴史の連続が重層化するネットワーク構造に支えられ、それらの行為を映しだす鏡のように、豊かな水が町に表現されてきた。

生活に塗り込められた水の構図

高度成長期の柳川は、上水道が完備し、気軽に水が手に入るようになった。そのこともあり、水を管理する厄介さを否定するように、全長五〇〇キロメートル近くにも及ぶ運河にゴミが捨てられ、埋まった運河を道路化する計画が表面化する。運河網を抱える柳川は、一時新潟と同じ道を歩みはじめようとしていた。

しかし、運河を道路にする計画に待ったをかけた広松伝という一人の役人の存在が新潟と異なる方向に導いた。彼は、水と歩んできた柳川の歴史を住民に示し、柳川が都市に流れる表層の水といかに共生

写真5-24　毛細管のように張り巡らされた末端の運河

してきたのかを語りかけた。

その結果、柳川には多くの運河が残った。とはいえ、ネットワーク化された運河の末端に行くと、住民と水との関係はまだ失われたままであると気付く（写真5－24）。かつて、柳川の人たちは船の移動が基本であったが、生活の場からは現在船が消えている。柳川の運河に浮かぶ船のほとんどは観光船である。観光は都市の重要な産業であるとしても、生活の場に船が意味を持たなければ、細かく入り込んだ柳川独自の運河の魅力はいつしか消えてしまう。それは水の都としての最大の魅力を柳川が失うことに等しいのだ。

生活スタイルが変化してしまった場に、船を取り戻すことは容易ではない。ただ、柳川独自の水の環境を持続可能な状況で享受していくには、住民の人たちの運河や船に対する生活レベルでの熱い眼差しが必要となる。同時に、画一化された社会を打破するには、地域に根ざす行政やそれに準じる機関の積極的な舟運利用がきっかけとなろう。たとえば、船による郵便物の配達や公共輸送としての水上バスのサービスをより積極的に試みれば、住民が運河と舟運を身近なものとして再び意識しはじめるはずである。水を介した祭・白秋祭で、河岸の舞台に集まる聴衆の多くが生活に使われる船で訪れた時、末端の細い運河の水が生き続けることを意味するように思える。

二　交易都市に主眼を置く城下町——桑名（三重県）

「桑名」の名はよく知られている。しかしながら、桑名を訪れ、街歩きをしたことのある人がどれくらいいるのかといえば、知名度ほどではない。むしろ、地名だけが先行するギャップは大きいかもしれない。

実際に訪れてみると、こぢんまりした、親しみのある小都市だ。道幅の程よいスケール感がうれしい。ただ、古い建物はほとんど見かけない。

桑名は、戦前まで鋳物工場が集中し、航空機用のベアリング製造シェアが全国の七割を占めていた。そのため、川辺の紡績工場とともに、内陸の東方にあった工場群が昭和二十（一九四五）年米軍機に爆撃されてしまう。執拗な市街への爆撃で、桑名は壊滅的な打撃を被る。徹底的に都市空間が失われたことから、見るべき町並みがないのは当然かもしれない。それでも、水の都の記憶を残す掘割があり、揖斐川河岸にある明治、大正期の建物と庭園が美しい諸戸邸は幸い戦災を免れた。

その手は桑名の焼蛤

十返舎一九の「その手は桑名の焼蛤《やきはまぐり》」は、だれもが一度は耳にしたフレーズだ。東海道の宿駅となり、あるいはお伊勢参りなど、人々の往来が激しかった桑名にあって、蛤料理を出す茶屋は旅人に大変人気があった。蛤三昧の美味しい料理だけではなく、茶屋女がお目当てでもあった。その茶屋の女に甘言でだまされるなと、十返舎一九の洒落た言葉が一般に流布したものだ。

東海道五十三次では、熱田神社近くの宮の宿場から、桑名の七里の渡しまで七里（約二八キロメートル）。木曾川、長良川、揖斐《いび》川の三大河川は、現在鉄道で通過するだけでも相当な距離である。いっそう船で桑名までと、つい思いを巡らせてしまう。それほど、川の幅と水量には圧倒される。揖斐川河口につくられた城下町・桑名は、このような地の利を最大限に活かし、水の都としての骨格を描いてみせる。ただそこには伊勢湾の自然の恵み、蛤だけではなく、魚貝類の宝庫である食文化が桑名の魅力をアップさせた。

蛤料理を売りにする店で、食事中に聞いた女将の話が面白かった。桑名の蛤は殻が薄く、殻の形が歪み「へ」の字になり、貝合わせにも最適とのこと。外敵が少なく、運動量が多い結果であるようだ。陽性の蛤とは、舟運で巡る足の早さで、全国に名を馳せた船乗りたちとだぶる。港町でもあった桑名らしい話だ。

二重構造に見る水都の本質

桑名は中世以前から、人、物が集散する港町として栄えた。中世の終わりころまでは、武士の支配か

写真 5–25　東海道に沿って整備された掘割

ら免れ、桑名衆と呼ばれる商人たちの自由都市であり、自治都市であった。堺と同様に、舟運による経済活動の拠点であった桑名は、織田信長に攻略され、以降武士の支配を受ける。

徳川家康の四天王と呼ばれた一人、本多平八郎忠勝（一五四八～一六一〇年）が城主に任ぜられた慶長六（一六〇一）年から、掘割を幾重にも巡らせた水都が桑名に本格的に建設された。桑名の城下町は、伊勢湾に注ぐ町屋川、大山田川の河道を改編し、掘割が巡る徹底した都市改造を試みたことで知られる（写真5–25）。

その桑名だが、城下町の配置が興味深い。城を中心に巡らされた掘割、一見その城を守るように配置されたかのような武士団が居住する武家地（図5–9）。しかしながら、微地形や風向きなどの環境要素を重ねていくと、別の都市像が見えてくる。城を守るというよりは、都市構造が東海道沿いに配された町人たちを水害や火事から守る仕

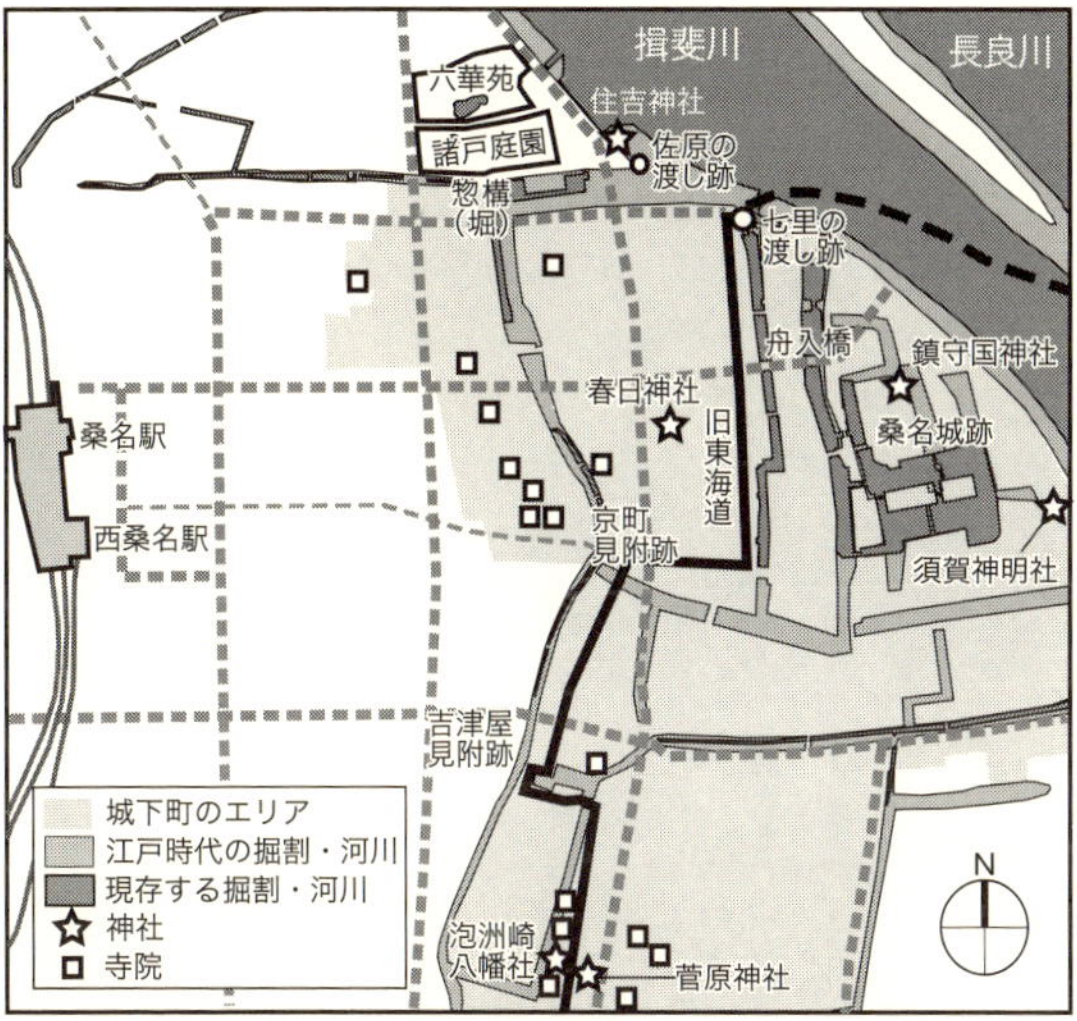

図 5-9　桑名の現在と江戸時代の掘割

組みなのだ。それは、東海道が中世以前の旧集落を結ぶように、折れ曲って整備されたことにもあらわれている。徳川家康が腐心した江戸は、町人地を優遇した。桑名も、城主を守る城下町から、経済都市としての港町に主眼が置かれた都市空間を目指したと考えられる。

船が行き交う拠点

賑わいの中心であった本町、京町の町人地から、かつての武家地の方へ歩いていくと、土地の高低差がわかる。東に位置する武家地は、冬場町人地に火事でもあれば西風に煽られ、火の海が低い土地に押し寄せる。そのような危険を侵してまで、商都としての城下町を建設した背景には、舟運で栄えた桑名衆の存在がある。単純化していえば、三叉に分かれて伊勢湾に注いでいた町屋川の真中の河道は武家地が占め、異様に折れ曲がりながら、七里の渡しに向う東海道の線上には中世からの桑

写真 5-26　七里の渡し

名衆の集落が町家化したに過ぎないのだ。そして、町人地が発展する北東側が桑名において、最優良な土地となる。

桑名の重要な湊は、揖斐川に面する七里の渡しであり、少し上流に佐原の渡しもあった（写真5-26）。いずれもが、北東に場を占める。七里の渡しと佐原の渡しの間には、格式のある料亭が並ぶ（写真5-27）。今は伊勢湾台風など幾度もの水害にあい強固な護岸が築かれてしまったが、かつては川辺に開かれた、開放的な座敷から揖斐川を行き来する多くの船を眺められたはずだ。江戸時代、本陣、脇本陣があった場所でもある。

佐原の渡しには、遠方の物資や、材木など大きな資材を搬入していた。江戸時代の主な物資は、天明四（一七八四）年に米市場ができ、江戸の米価を左右したといわれる米、木曽川などから切り出される材木であった。豊富な木材の供給は、箪笥、仏壇、盆といった木工製品を特産品にした。

写真 5-27　河岸に面して建ち並んでいた料亭街

現在の桑名は、港町としての役割を終えて久しい。戦後は港町としてより、蛤をはじめ、伊勢湾の自然の恵みを享受し、漁村として生きてきた。人通りの少ない街から一歩料亭に入ると、桑名が歩んできた文化が漂う。伝統的な建物群が失われた街だが、人々の暮らしにまだまだ歴史が潜んでいると感る。

掘割に刻印されたアイデンティティ

明治期、山林王と呼ばれた諸戸家は、太平洋戦争の空襲で桑名市街のほぼ全域が焼失するなかにあって、奇跡的に建物の焼失を免れた。二つの諸戸邸のうち、大正二年に建てられた「六華苑」（旧諸戸清六邸）は一般公開されている（写真5-28）。二代目諸戸清六に依頼されたジョサイア・コンドルが晩年の五十九歳に設計したものだ。洋館の他、連続する和館、建物と一体化する和と洋が融合する庭園は見事である。小さな堀を隔てた

写真 5-28　「六華苑」（旧諸戸清六邸）

写真 5-29　外堀（住吉入江）と諸戸邸本宅

隣には現在も住み続ける本宅がある。室町時代から庭園の基礎があったといわれ、明治十七(一八八四)年にこの土地を購入した初代諸戸清六が庭園に手を入れ、建物を建てて今日に至った。屋敷の前には外堀(住吉入江)の河岸があり、明治二十八(一八九五)年に建てられた煉瓦の米蔵が三棟外堀に面して建つ。舟運が盛んであった時代には、多くの船が出入りし、活気に満ちた場であったに違いない(写真5-29)。

近年まで寂れ、失われつつあった外堀が護岸整備されたことで、散策ルートとなった。水辺空間への関心が少しでも高まればと思うのだが、日常的に船が浮かんでいない風景は寂しさがある。願わくば、桑名のアイデンティティとして、「眺める水辺」から「使いこなす水辺空間」になってほしい。掘割の再現には、多くの潜在的力が眠っているように思える。

三　自然と織り成す水の都市——松江(島根県)

水の特性を利用した都市づくりに、近世初頭の日本は両極のあり方を描いて見せた。それは柳川であり、一方が松江であった。柳川が局限まで人工的に水のシステムをコントロールしてつくりあげたならば、松江は自然の躍動をうまく取り入れた、自然により近い水の都といえる。松江は今も自然の水循環を維持する貴重な水の都市である。どちらが意味を持つかではなく、水の環境に対応した多様な姿に意味がある。その両極を大切にしない限り、日本における水の都の復権は見込めない。

水の都としての松江の魅力は、自然の水の流れがそのまま活かされた、都市と自然が相互に呼吸する空間のあり方だ。自然に対してあまりにも人の手を加え過ぎる点で、現代に生きる私たちの未熟さがある。斐伊川《ひいがわ》上流のダム建設は、自然の水と都市との絶妙なバランスに変化を起こす。松江に起こらないはずの大規模な洪水が生まれる可能性をつくりだす。ダムをつくる側としては、水を安定確保し豊かな国土をつくる考えがあってのことだろう。しかしながら、そのことが様々な側面で新たな問題を引き起こし、自然に順応した環境を別の方向に導く。

松江には、人為をつくした柳川と異なる水の都としての魅力がある。日本三大船神事の一つといわれる「ホーランエンヤ」などの水と船を主役に据える祭を生みだした、松江ならではの独自性がある。人工的に水を制御する一方の極として、自然の水を素直に受け入れて豊かさを享受するあり方を松江の歴史は教えている。船は乗り物としてだけの価値ではない。船を積極的に利用することは、豊かな水の恵みに支えられてきた松江の文化を感じ取ることであり、その眼差しが都市の環境も豊かにする。

自然と呼応する水の都の魅力

日本海の潮位差は一メートルにも満たない。松江も、この自然環境を享受し、水の都を成立させる。山間から流れでる淡水と、海から逆流してきた海水は、出雲の歴史のように、一日のなかで、あるいは季節のなかで、自然の織り成す変化の時を松江において穏やかに刻む。

穴道湖、大橋川、中海、そして城下の掘割を持つ水郷の規模は、はるかに小さいとしても、中国江南の大水郷地帯と比較したくなる。躍動する水の雄大さがあるからだ。江南最大の湖・太湖近くに、「松江《ずん》」と呼ばれる美しい水郷都市があり、松江の名は一説によると似た風景の美しさから付けられたとも

図 5-10　松江の市街と水路網

いわれている。

松江は、歴史のある出雲の国に成立しながら、城下町として戦国時代以前の歴史を持たない。慶長五（一六〇七）年、日本が泰平の世の中に移行する時代に城下町・松江は新しく建設された。

しかしながら、松江の都市空間は、不思議と出雲の風土によくなじむ。背後の山から集められた水と、前面にある宍道湖など、汽水と融合するように水の構図がかたちづくられた。低い丘陵が宍道湖に最も迫り出した突端に、松江城が築かれる。この城は、堀尾吉晴・忠氏父子により、は

写真 5–30　人工的に掘られた大堀

じめ堅固な要塞都市として整備された。だが、自然の豊かな風土は城下町・松江を穏やかな水の都に変貌させていく（図5–10）。このことが同時に水の都としての松江のアイデンティティを高めていくのだ。

城下町建設の時、城山まで連なる丘陵の一部が切れ崩され、城山を囲むように大堀が掘り込まれた。大堀沿いは、現在背後の緑に包まれた武家屋敷の風情を残し、その一角に小泉八雲と名乗ったラフカディオ・ハーンの過ごした家がある。水面から目の当たりにする風景は、都市を描く人工的な行為が再び自然に同化していくプロセスであるかに思えるほど、大堀周辺の手を加えられた地形が自然の面もちを現在に醸しだす（写真5–30）。

城山の周囲を掘り込んだ土は、北田、南田の沼沢地の埋め立てに使われ、掘割の巡る屋敷町を描きだす。松江城下を巡る水は、現在の春日町、黒田町の背後にある谷筋から流れでた水が集められ

写真 5-31　人家の間を流れる水路

たもので、二つの水の道筋をつくる。一つは大堀、北田川の流れを生み、いま一つは四十間堀川、そして町人の町を形成する京橋川の筋を巡る（写真5-31）。この掘割の水は、水量の調整のために、穴道湖、大橋川に分水し、一定の水量を保ちながら、先の北田川となる流路とともに朝酌川に合流する。市街を流れてきた水は、大河に至り、海に流れでる時間を多彩な物語として訪れる者に語りかける。松江が今も自然と呼応する水の都であると感じる。

船神事と堀川船めぐり

豊かな風土にある松江だが、長い歴史のなかで天候不順による不作の時期があった。それは、徳川家康の孫にあたる松平直政の治世下に起きた。藩主・直政の命じた豊作祈願が成就したのを受け、それ以来松江城内に祀られた城山稲荷神社から、約一〇キロメートル離れた阿太加夜《あたかや》神社（東出雲町）まで、水面に繰り広げられる船神事が一〇年（現在は一二年）ごとに行われるようになる。一般に「ホーランエンヤ」と呼ばれ親しまれてきたこの神幸祭は、宮島の管弦祭、大阪天満の天神祭と並ぶ日本三大船神事といわれてきた。

百隻にも及ぶ大船団が大橋川を下る祭り風景は、松江にとって船が欠かせない道具であることを思い起こさせる。「ホーランエンヤ」は、平成二十一年に開催された。ただ、この壮大なドラマは、宍道湖、大橋川、中海が中心で、堀川から大橋川にいたる流れのなかで船神事が行われてはいない。日常において舟運がかげを潜めている現在、水の都の基本が祭事に残されていることに、将来の展望を見いだせるとの思いが強い。

松江には二〇年ほど前にも一度訪れたことがある。その時と比べ幾つかの掘割が埋め立てられていたが、穴道湖の遊覧船に加え、市街の掘割を船で行く「堀川めぐり」が一一年前から運行されていた。そのことに期待と、興味が湧く。四、五〇分の船旅は、住宅地を抜け、城や武家屋敷を水面から眺められる。城山周辺では木々に覆われた森が望め、京橋川に出ると、水辺とセットに景観整備された古い町並みや近代建築を楽しめる。同時に、陸化する松江の歴史が護岸と橋からうかがえる。江戸時代の掘割の石垣が思いのほか多く残る。明治・大正期のものもある一方、味気ないコンクリートの護岸までと様々だ。住宅の配置は船を使う生活がすでに失われて久しいことを伝えている。都市空間における水利用が生活に密着してこそ、水の都としての松江が輝くはずだ。それには、船神事と堀川船めぐりが関係づけられることが大きい。

水が結ぶ、過去・現在・未来

二つの水が今も松江の都市環境を良好なものにしている。一つは、城下を辿る、山間からの小さな水

写真 5-32　大橋川と河岸の水田

の流れである。いま一つは、斐伊川《ひいかわ》からの大きな流れである。これらの淡水は日本海からの塩水と穴道湖、大橋川、中海で、それぞれの濃度を変化させながら、多様な生き物を育む。松江は自然の水の呼吸を間近に感じ得る濃密な場所であると感じる（写真5―32）。

斐伊川上流のダム建設は、永々と続けられてきた自然の営みによる水システムが人工的にコントロールされることを意味し、数十年に一度の大洪水の恐れが生まれると聞く。そのこともあり、大橋川の改修が具体的に進行しつつある。

松江の人たちは、水の価値を今問われているようにも思う。高度成長期に、海に面する都市や港町では高潮や洪水の対策として水際をコンクリートで固めてきた。そのことで、豊かな環境や文化を失わせてきた反省が一般化しつつある。

松江には、船を使った観光の枠を越え、本来的な水の都のアイデンティティを発信してもらいたいと願う。それができる水の都市である。

四　内港都市化する天下一の城下町——江戸（東京都）

城下町の建設

大坂、柳川など幾つかの水の都を見てきが、そのなかでも、天下一の城下町となる江戸は都市空間が最大規模を誇る。徳川家康の城下町建設により、江戸は一五九〇年以降中世にかたちづくられた湊と町のかたちを大きく変化させせる。近世に飛躍する土木技術を駆使し、家康が居城とした江戸城から、東に広がる低地を城下町として都市空間が延伸された。江戸は、港町と城下町が分離していた中世の都市空間を一変させ、城下町の内に港町を取り込む。

近世江戸建設の最初期、平川と旧石神井川の二つの河川を「堀留」にし、低地の一部を市街化する試みがまずなされた。日比谷入江に注いでいた平川の流れは、神田山を開削し、東に向きを変え神田川とした（図5-11〜12）。一方日比谷入江は埋め立てられ、武家地に生まれかわる。段階を経て、中世の空間領域を越えはじめていく。

家康は巧みな政治家であり、優れた都市計画家であったように思う。それは、初期の城下町建設によく表れている。江戸前島の安定した土地に、日本橋、京橋、銀座と続く町人地が整備された。町人地は、海を埋め立てた土地ではなく、建設中の江戸ですぐにでも商いをはじめられる環境が用意され、町人の江戸誘致を積極的に試みる。日本橋から京橋を渡り銀座に入る東海道、現在の国道一五号線を南下すると、普段あまり気づかないが、通りを頂点にしてほんのわずか東西両方に下る。これが陸地である江戸前島を町人地とした証拠である。

一方、大掛かりな土木工事を必要とする日比谷入江、あるいは築地の海には、主に大名屋敷が配置された。日比谷入江は上屋敷、築地は中・下屋敷が中心となる。掘割を縦横に巡らせ、島状の土地を巧みに住み分けさせた江戸中心部は水の都にふさわしい都市空間をつくりだした。

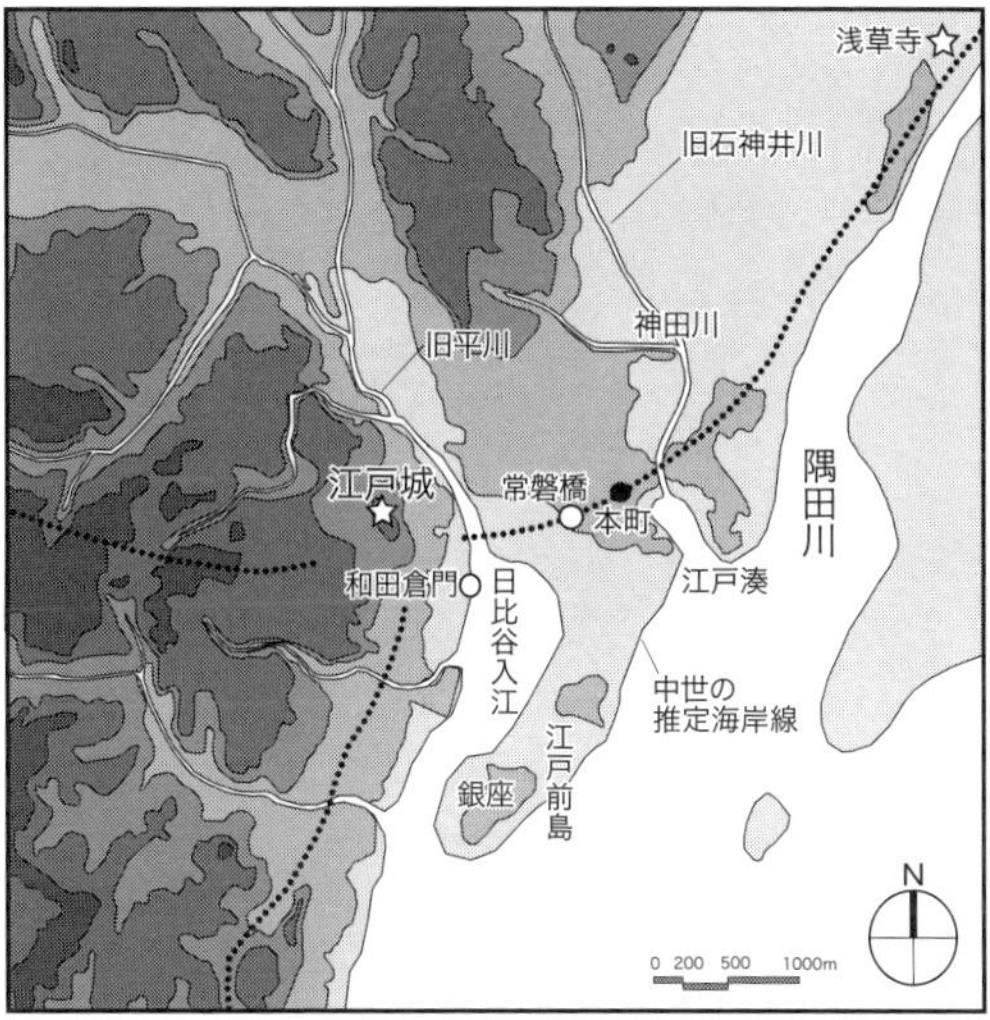

図 5-11　江戸前島と日比谷入江があった江戸の原風景

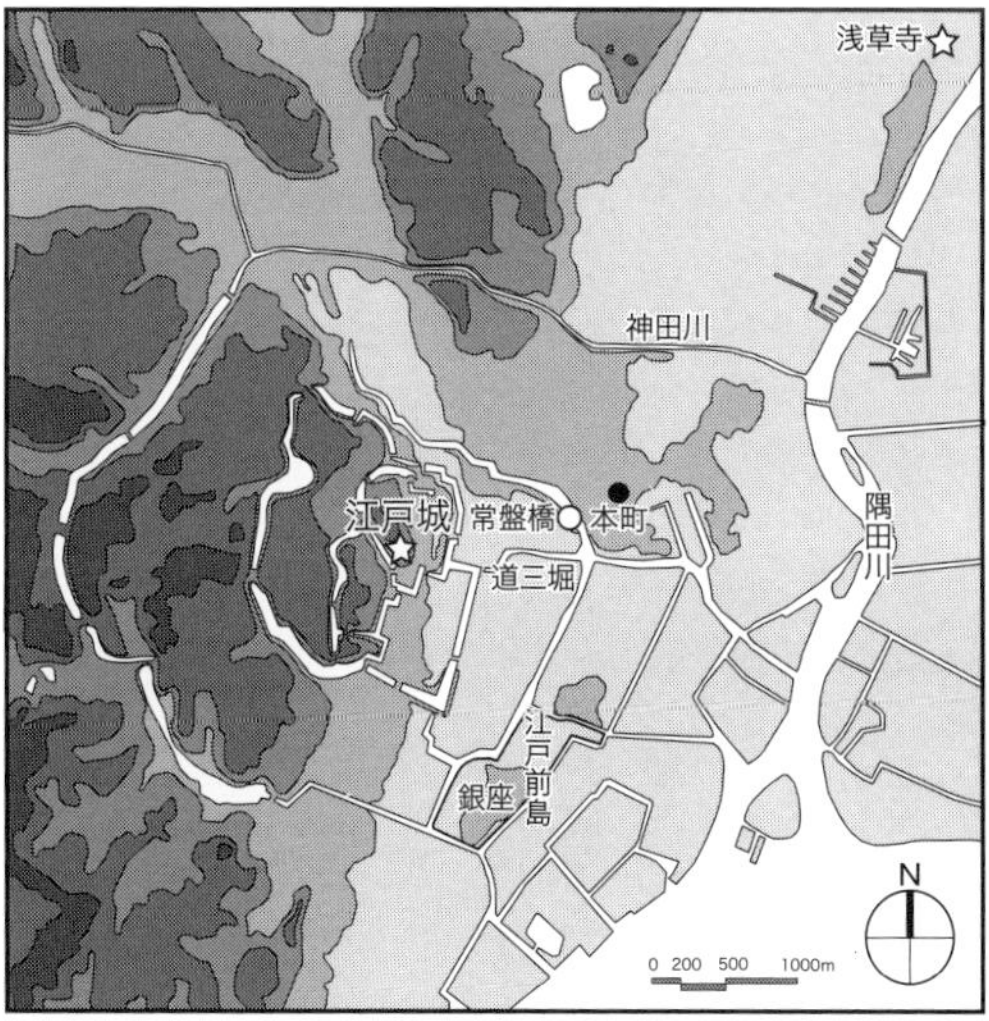

図 5-12　江戸時代後期の水路網と地形

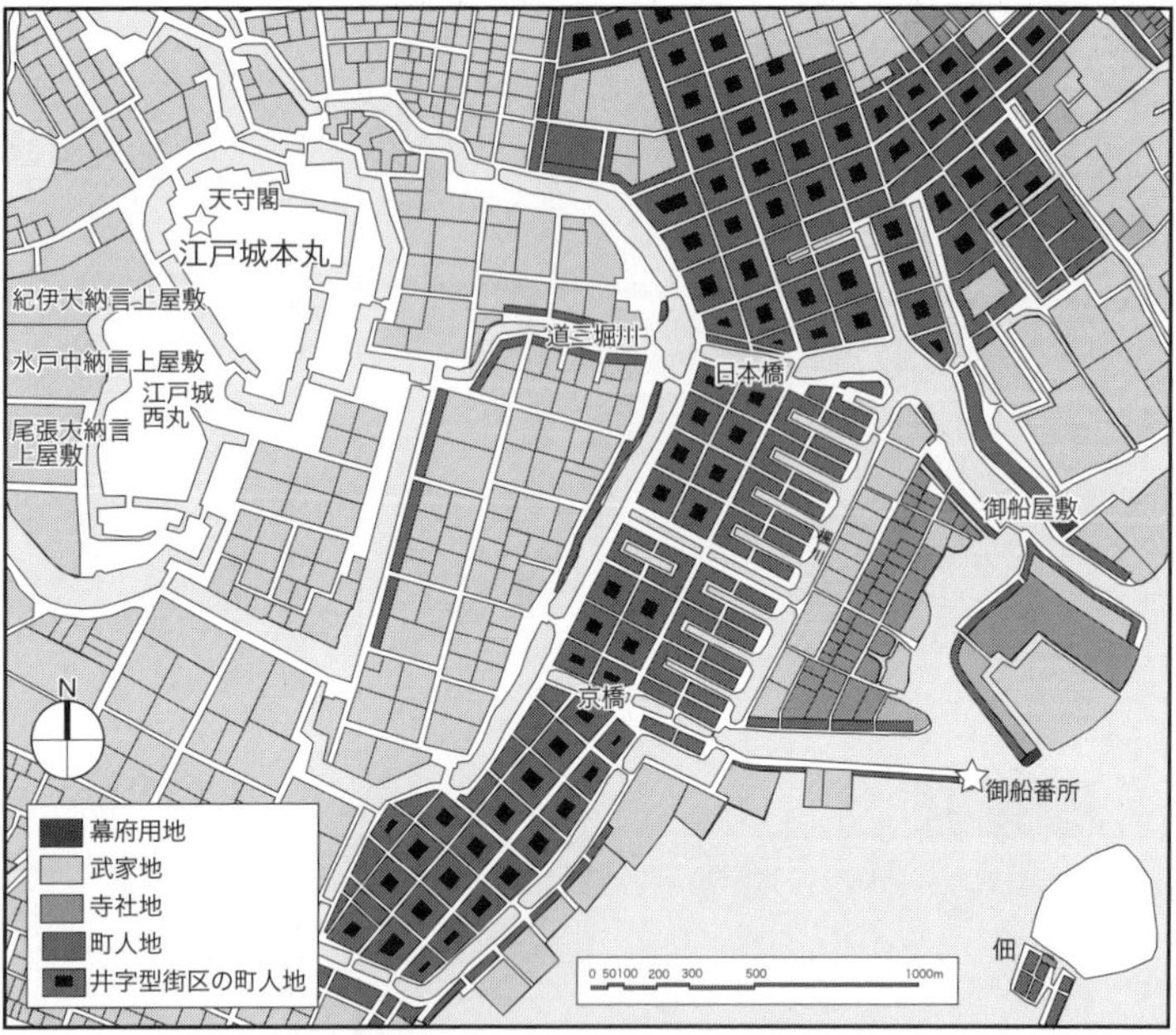

図 5-13　寛永期の江戸中心部

外堀の整備を含めた江戸城が完成する寛永期、築地一帯はまだ海が広がっていた（図5–13〜14）。築地本願寺が現在地に移転し、武家地を中心に土地が埋め尽くされるのは、明暦の大火（一六五七年）後である。隅田川沿いの埋立地には大名の中・下屋敷が立地する。土地条件としてはあまりよいとはいえない。ただ掘割で地勢を整える必要があった大名屋敷の庭園には、自然と呼吸するかのように、潮の満ち引きで風景を変化させる「汐入庭園」がつくられ、平坦で地形の変化に乏しい場所をダイナミックに見せる庭園文化が花開く。水と共に空間が表現された時、低地下町の価値が見えてくる。それは現在においても変らないはずである。

江戸に内在するもう一つの水の都

幕府が置かれ、江戸に人口が集中する流れが本格化する時期、荒れ狂う板東太郎・利根川を東遷する大土木事業がはじまる。この大河川の付け替えは承応三（一六五四）年からである。これによって、面的に人が集まり住むことがほとんどできなかった江東一帯にも、市街地と田園をつくりだす可能性が生まれる。江戸の建設で、まっ先に整備された小名木川を基準にするかのように、縦横に直線の水路が江東一帯に計画的に開削されていく。それに沿った土手沿いからまず市街化され、内側には水抜きの溜め池ができる。まるで水上に浮かぶバンコクの水辺風景を想起させる。明暦の大火以降は隅田川を越え、江戸は江東の広大な土地を得たのである。

きめ細かく利根川水系に入り込んだ舟運網から、様々な物資が掘割沿いにある大名の蔵屋敷に運び入れられた。掘割の内側の溜め池には、隅田川を越えて進出した巨大産業、木場が移る。バウムクーヘンのように市街地の層を重ねる、水を主体とした空間構造は、江戸初期の井字型街区の変形バージョンであるようにも思える。低地が広がる空間に水と産業が結びつき、富岡八幡宮を核にした人々の活気は「いき」と「いなせ」の都市文化を生む。

江東一帯は、埋め立てで新しい市街すべてが誕生したわけではない。江戸以前の歴史がオーバーラップしており、その点が興味深い。西村眞次が大正の終わり頃に著した『江戸深川情緒の研究』の冒頭には、江東をアドリア海の女王・ヴェネツィアに見立て、水のまちの素晴らしさを描こうとした。彼は江東を「東京から独立した、東京以外のどこにも属することのない水都」と称する。江戸から近代にかけて、産業と結び付いた独特の水の文化をつくりあげてきた背後にある、より長い歴史の自負がここに感じ取

図 5-14　江戸時代後期の江戸中心部

れる。

江東とその周辺の水網地帯が、江戸城周辺よりも、もっと古い水との営みの歴史を実感するために、まずは西村眞次と同じように永代橋を渡ることだ。都心から永代橋を渡った先には、江戸以前から続く漁師町がある（図5―15）。複雑な水路は、直線的な江東の運河と異なる。そのすぐ近くに、今も運河に囲われた富岡八幡があるが、漁師町との位置関係が面白い。永代橋から江東を訪ねれば、かつての漁師町の外縁に取りつくように富岡八幡が新しくつくられたと実感する。

より内陸に入れば、佐原の香取神社を本社とする、中世に創建された末社・香取神社が、地下水の豊富に湧きでる現在地に立地する（図5―16、写真5―33）。古い歴史が江東にはある。さらに、墨堤まで行けば、古代まで溯れる。現在は水との関係を弱くしているが、再び水との結び付きを強めた時、思いがけない変化が江東で起きるように思える。

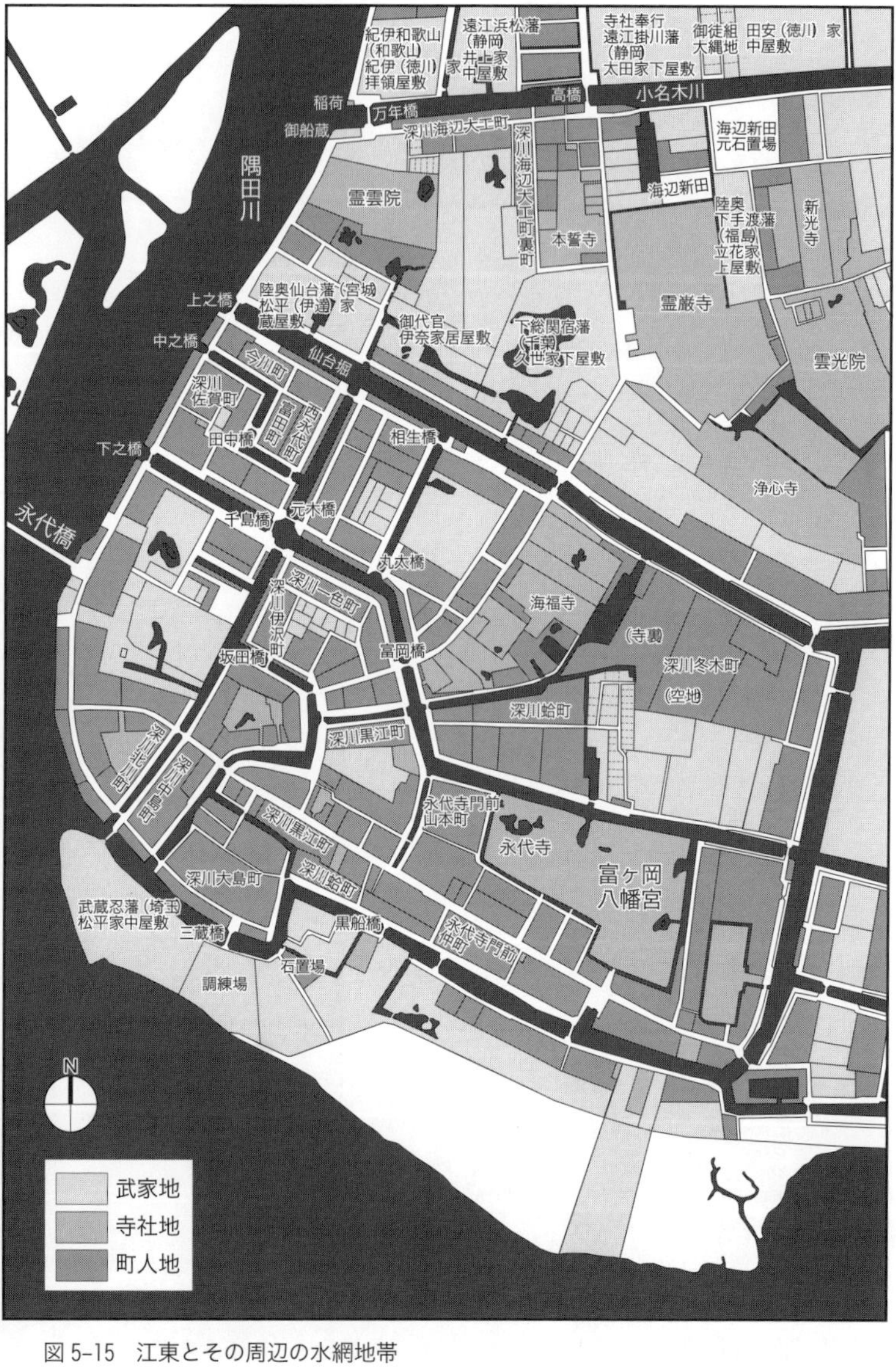

図 5-15　江東とその周辺の水網地帯

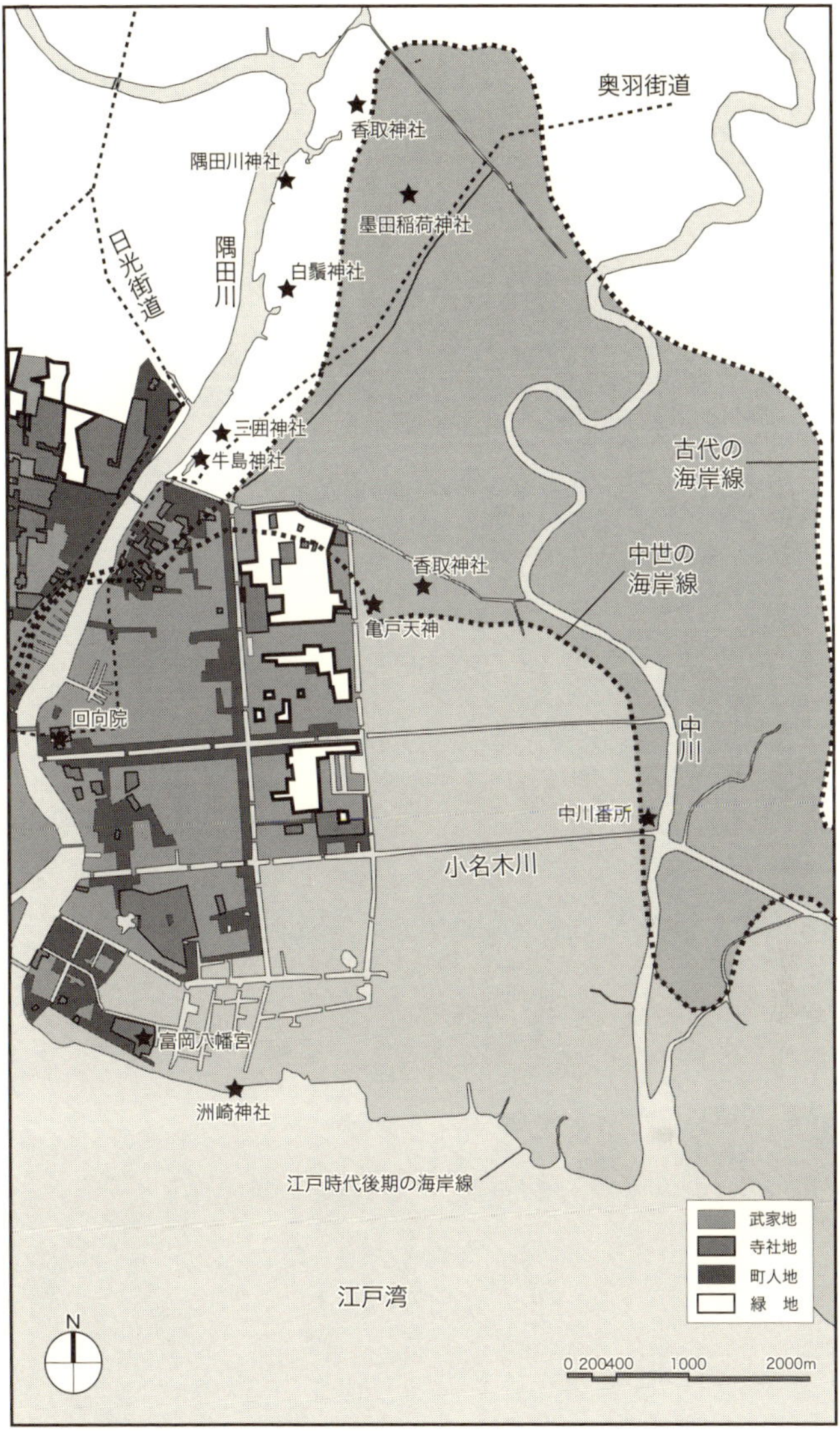

図 5-16　古代・中世・近世の海岸線と神社分布

写真 5-33　香取神社

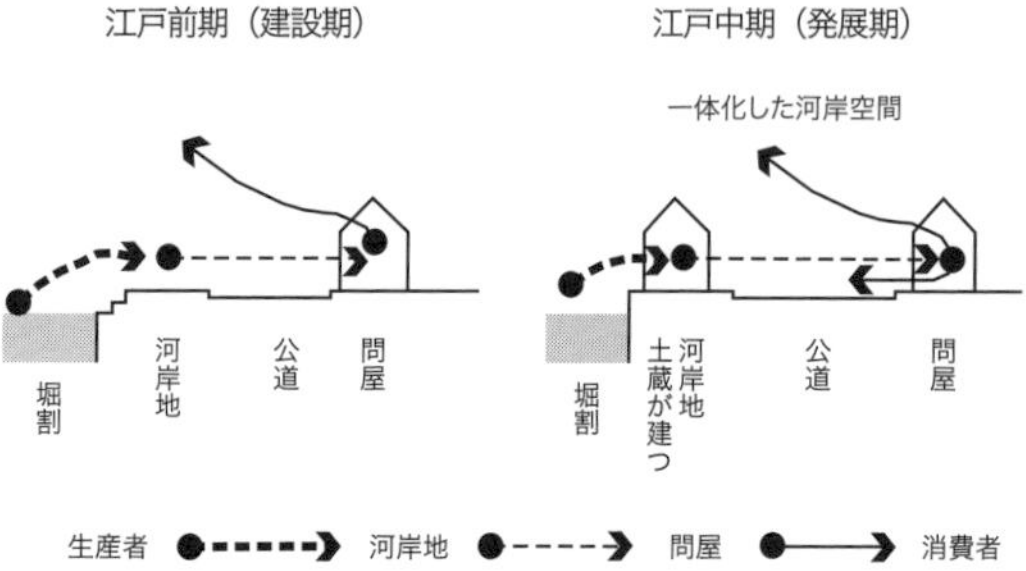

図 5-17　江戸時代の河岸地の空間構造の変化

内港都市としての水際空間の可能性

縦横に張り巡らされた江戸の運河網は、運河自体が湊機能を持つ河岸《かし》である。江戸の都市機能は、湊を一ヶ所に集中させるのではなく、河岸が連続する内港都市であった。このような都市空間の構造は明暦の大火以降に確立された。大火が江戸の湊構造を大きく変えたことになる。

江戸の中心部の町人地は、明暦の大火以降掘割や運河沿いの河岸に変化が見られる。河岸地と公道の区別が明確化し、河岸に不燃化のための蔵が建つ（図5-17）。この河岸地の空間構造は、江戸だけに出現した特殊なものではない。河岸に蔵が連続的に建ち並ぶ光景は、江戸時代の三国、函館でも確認できる（写真5-34～35）。水際に蔵が建てられ、水際は水面と陸地を実に有機的に関係づけ、河岸を人と物が行き交う活気に満ちた豊かな空間にしてきた。

しかし近代以降、陸化する社会状況において、江戸の水辺空間が次第に都市の裏側となっていく。近代化するなかにあっても、水と豊かに関係づけようとした戦前に建てられた近代建築

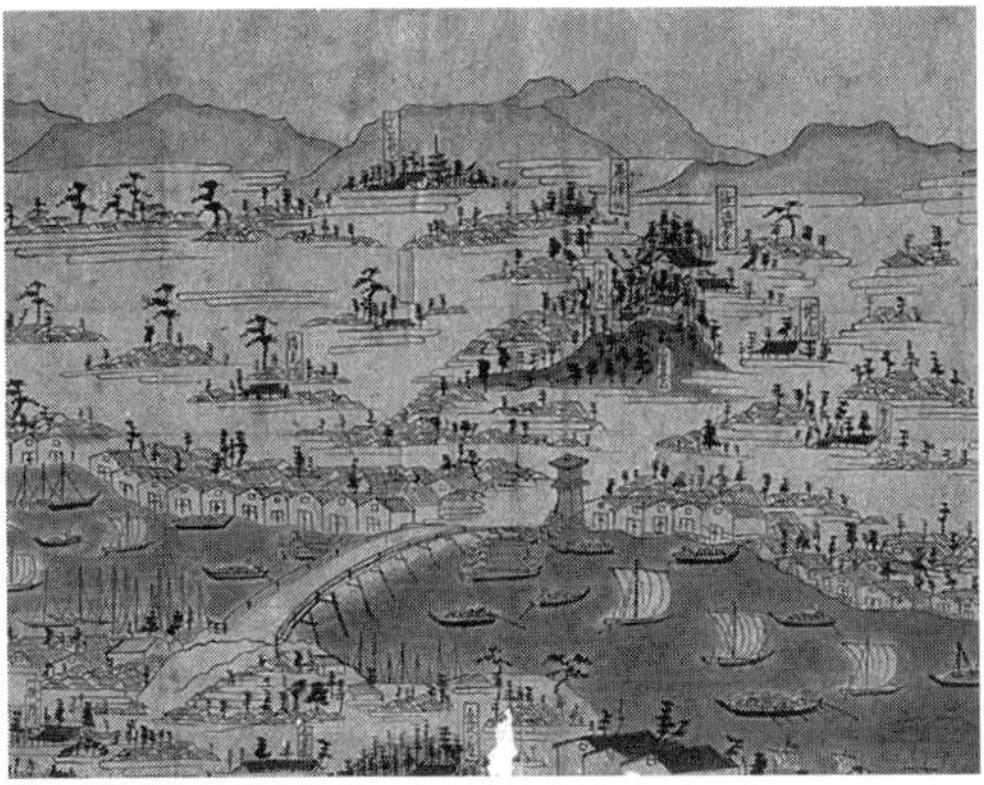

写真5-34　江戸時代の水際空間（三国．慶応元年＝1865年「越前三国湊風景之図」部分．三国郷土資料館蔵）

写真5-35　江戸時代の水際空間（函館．「函館市海岸図」国立国会図書館蔵）

写真 5-36　コンクリート護岸が整備される前の日本橋川

写真 5-37　旧帝国製麻の螺旋階段から見える日本橋川の水面

写真 5-38　コンクリート護岸が整備された後の日本橋川

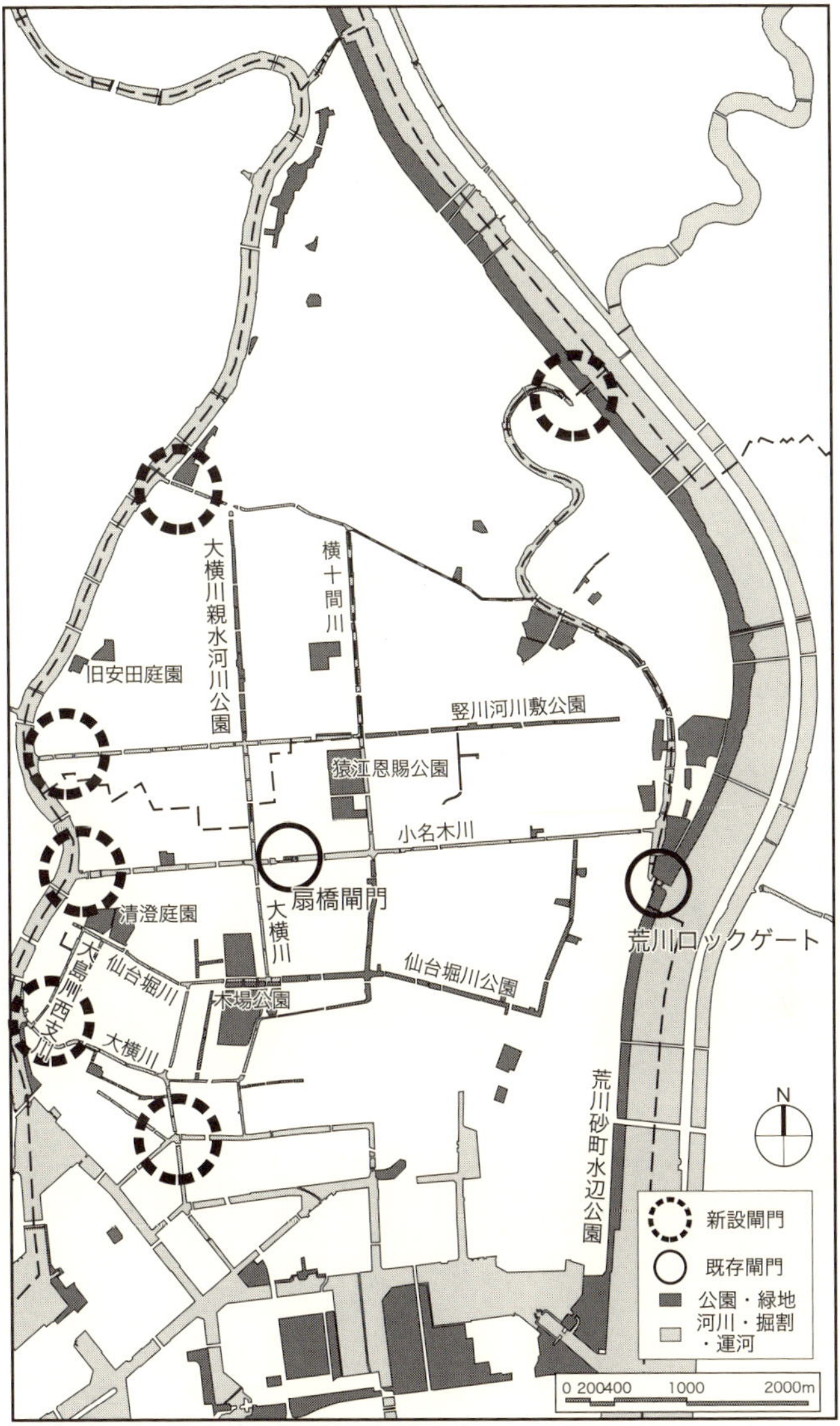

図 5-18　閘門新設のイメージ

写真 5-39　荒川ロックゲート

が、高度成長期以降高潮防災事業で整備されたコンクリート護岸によってその意味を断ち切られてしまう（写真5-36〜38）。それだけではない。江戸が誇った内港システムが意味を失うことになる。

ただ悲観的な現実だけが、現在という場に残されたわけではない。江東に目を向けると、運河で結ばれた水辺風景に今も出合える。さらに臨海部に目をやると、そこには江戸時代の運河網を上回る水面面積の運河が新たにつくられてきた。これら新興埋立地と、近世に整備された江東エリアの運河網とは、僅かとなったが、現在も運河で結ばれている。現実的には、潮位差により小名木川以南の江東内陸運河は船が航行不能になる時間帯がある。だが閘門を適所に整備することにより、江東の江戸以来の歴史的水文化の風土と、運河が縦横に張り巡らされた新興埋立地の都市空間が舟運によって関係づけられる（図5-18、写真5-39）。その時、江戸と現代を共存させた新たな水の都

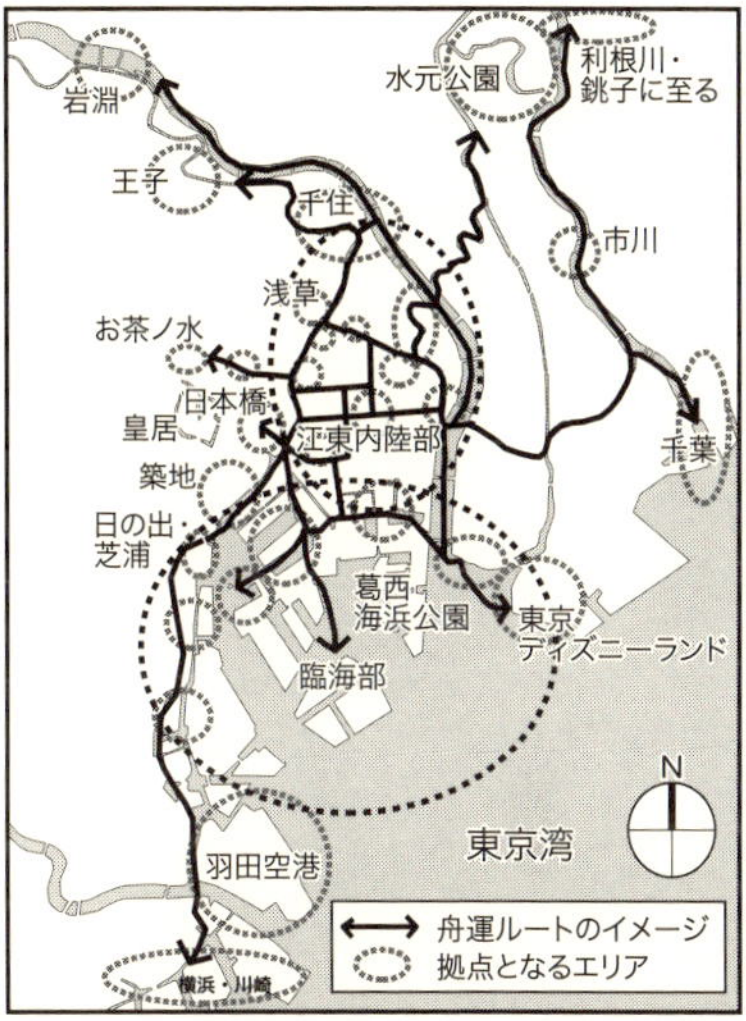

図 5–19　広域の舟運ネットワークイメージ

市・東京の将来像が描けるはずだ（図5–19）。

さらにイメージを膨らませれば、現在においても舟運による広域の水の廻廊がつくりだせる。江戸では田園と城下町、湊を結ぶ壮大な水のネットワーク構造が近世前半に整備された。江戸が城下町内に内港システムを構築し、内陸の河川舟運と海の舟運を取りまとめるコアとしての意味を見いだした。内陸に向けては、「小江戸」といわれる佐原（千葉県）、栃木（栃木県）、川越（埼玉県）が江戸の都市文化を今に伝えるように、河川舟運による文化の交流と、個々の都市空間の熟成があった。すなわち水のネットワークを通して、物だけではなく文化が江戸時代に花開き、これらのネットワークはさらに海へも広がっていた。北前航路などが整備され日本全国の港町とも結ばれ、様々な文化が舟運を通し展開したのだが、これは何も過去だけの話ではない。河川舟運ばかりではなく海ともネットワークした近世の「内港」の考え方や視点は、江東を舟運のコアにすることで、水辺再生の扇の要として東京が再び現代に浮かび上がってくるのだ。

VI

近代港町の変容プロセス

1 近世以前の空間継承

第V章までに見てきた近世以前の港町の歴史を経て、日本では幕末から明治前期にかけて「近代港町」が誕生する。これらの近代港町は、欧米の近代文明を一身に受け入れ、新たな都市空間をつくりだした。

日本の近代は、産業の勃興と連動し、外国との交易を積極的に行う場として、限られた港町が近代の象徴である欧米の先端技術を導入し、飛躍的に発展した。このようにして登場する近代港町は、日本の都市がいまだ変化の兆しを見せていない、幕末から明治初期に始動し、大きな転換期を迎える。ただ浅い歴史しか持たないにもかかわらず、近代に発展を遂げてきたこれら近代港町は、今日訪れても魅力的で不思議な雰囲気を持つ。単に都市空間を西欧化、近代化してきた結果だけでは語れない別の何かがある。すでに歩んできた歴史と、新たな歴史が融合するかのように厚みを増す。それには、二つの異なる発展プロセスが描け、日本の港町が永々と築きあげ、変化させてきた近世以前の港町の形成プロセスとも無関係ではない。

幕末から明治初期に産声をあげた近代港町は、その後成熟・発展し、産業都市化する近代日本の展開に重要な役割を果たす。しかも、短い時間の中で、急速に都市の骨格がつくりあげられた。第VI章では、人や物、金が集中し、都市空間を激変させた近代港町の成立と形成を、特徴的な二つの異なる流れを示しながら、読み解くことにしたい。

一つは、近代港町が成立、発展する過程において、近世以前の港町のかたちを継承するかのように、新たな場で独自の空間形成がなされたことだ。近代に港や町を新たにつくりだす原理が、現代の都市づくりと異なり、最新の考え方や技術だけに頼ることなく、むしろ日本の歴史的な港町の形成経緯を辿りながら成立、発展してきたことが興味深い。その例としては、日本が近代国家として殖産興業化を進める急先鋒となって繁栄した門司と小樽があげられる。

門司と小樽は、後背地にある炭坑、それと港を結ぶ鉄道の敷設で、急速に都市を発展させる。近代日本のエネルギーの重要な位置を占める石炭の積出港として頭角をあらわし、近代に華々しく成長を遂げる。だが、このような産業だけに特化した港であったわけではない。同時に商港としての役割も担い、次に述べる開港場から出発する近代港町とともに、日本の近代の曙を象徴する近代港町の都市空間を描きだす。そこには、港湾機能だけを特化させた現代の港とは異なり、人々が生活する場も同時につくりだされた。つまり、港と町を一体とした都市空間づくりが試みられている。このような近代港町が経験してきた空間づくりは、埋立地などの歴史的な積み重ねのない現在の都市開発に示唆的なメッセージを投げかけるはずである。

一　歴史を辿る発展プロセス——門司（福岡県）（図6-1）

大正三（一九一四）年に完成した趣ある木造近代建築の駅舎前の第一船溜周辺では、昭和六十三（一九八八）年から再開発がなされ、近年多くの観光客が門司を訪れるようになった（写真6-1）。若者向けの店が賑わいをつくり、三井倶楽部が移築され、レプリカの古い建物が加わるなど、レトロな雰囲気を演出する（写真6-2）。寂れかけていた近代港町・門司はレトロブームに乗り、話題となった。ただ、賑わう中心部を歩くだけでは、街本来の姿があまり見えてこない。むしろ、中心から少し外れた場所に、門司の履歴の原点が潜む。そこから街をつくりだしてきたプロセスが読み取れ、街の姿が浮び上がってくる。

近代港町が形成するスピードの早さは、凄まじい。僅かな年月の間に、膨大な資本が投入され、門司はつくられた。急ピッチな街の整備は、都市形成の歴史的な文脈など関係なく、当時の科学技術を駆使し一、二の三でできたかに見える。だが、明治二十四（一八九一）年に鉄道が門司に通される前、明治二十年代はじめ頃の状況が気にかかる。江戸時代の門司は近世初頭に全ての都市機能が小倉に移されたこともあり、中世にあった港町の面影はすでに失われ、永らく寒村であり続けたからだ。

塩浜の西側には、山からの湧き水が川となり、関門海峡に流れ出し、河口付近は入江となっていた（図6-2）。この条件は、中世や近世に成立した港町同様、近代においても港湾をつくる時の最初のきっかけとなる。そして都市化されていない段階では、背後にある丘陵地が自然の猛威から身を守り、最初の生活の拠点となる。

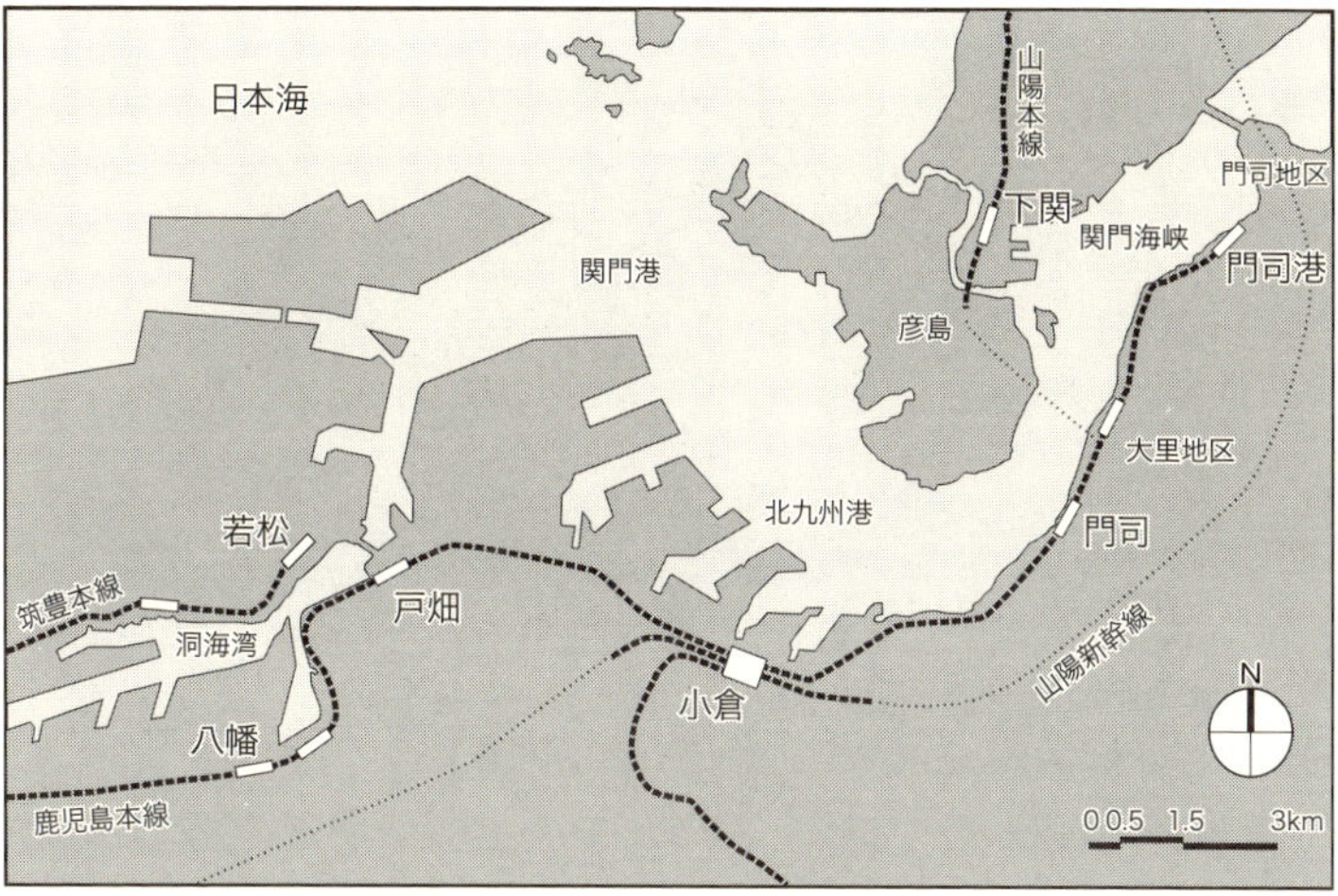

図 6-1　門司とその周辺の関係

写真 6-1　二代目となる門司港駅

写真 6-2　移築された三井倶楽部

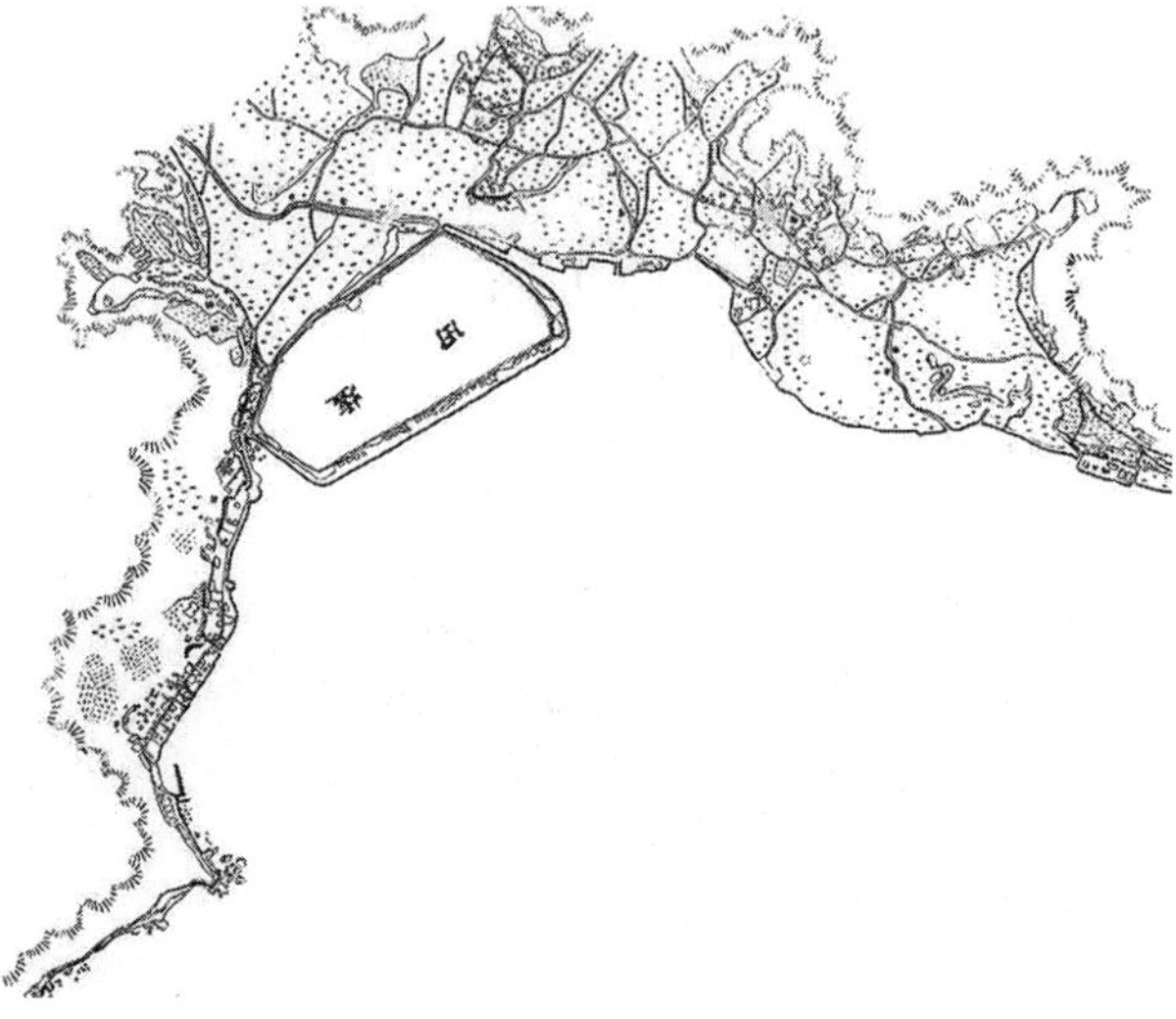

図 6-2　近代港町門司の原風景

門司には気になる場所がもう一つある。中世以前から連綿と歴史を刻んできた、創建が西暦八六

○年とされる甲宗八幡神社と、その周辺の存在である（写真6―3）。休日の第二船溜周辺は、再開発された第一船溜周辺の賑わいをよそに、ひっそりと静まりかえる倉庫街がある。古い神社と倉庫群が何かミスマッチのような空間をつくりだす。しかし、港町をつくる歴史的な根拠がそこにあるようで、気持ちが引き寄せられる。この二つの場所にねらいを定め、近代港町・門司が形成されてきた出発点を見極めることにしよう。

変化する水際から、ラビリンス空間へ

門司港駅前の広場から海に向かうと、岸壁に沿って帯状の西海岸緑地が広がる。緑化された環境からは当時の港の喧噪は感じられない（図6―3）。緑地の際《きわ》には、戦後間もなく下関から移築した、ホームリンガー商社の入るモダンな昭和初期の建物が建つ。かつては緑地の際あたりまでが海であり、護岸に船が接岸し、物資の上げ下ろしをしていた。この水際空間は、河岸に蔵が建てられ、道路を挟んだ内側に商家が建つ、江戸の河岸構造と似た構成である。さしずめ、ホームリンガー商社が近代版の蔵に相当し、商家は大正六年に竣工した大阪商船のビルということになる（写真6―4）。このビルは海側と第一船溜の二面に顔を向け、ファサ

写真6-3　甲宗八幡神社から第二船溜の方向を眺める

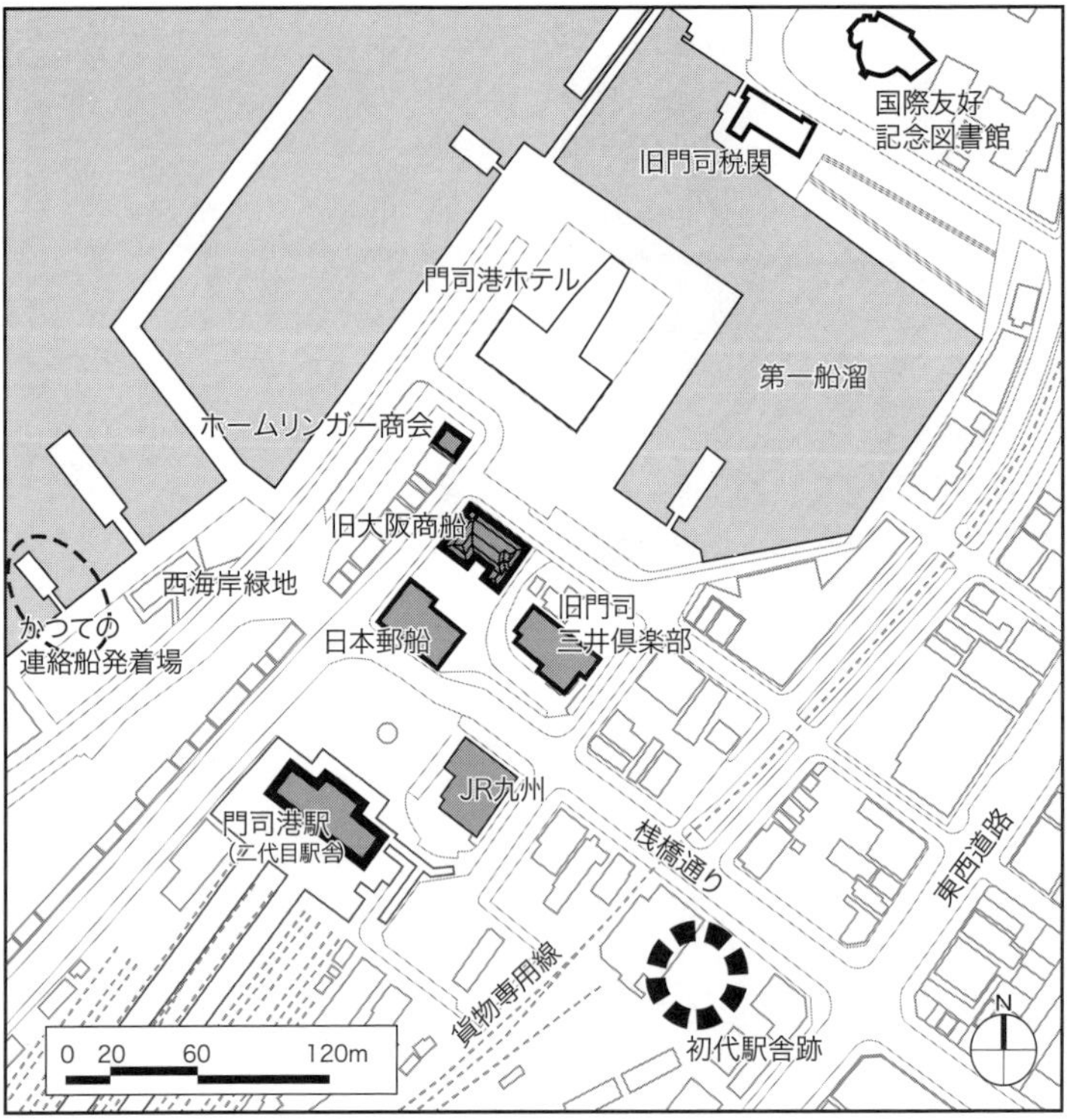

図 6-3　駅舎，大阪商船周辺の建物配置

ードに凝った意匠が施されている。大阪商船ビルが建てられた時は、水際にあり、船から直接荷揚げされていた。まさに、大運河沿いのヴェネツィアの商館を思わせるが、水際の形態は一〇年余りの間に大きく変化してしまった。

港湾機能のある海側から門司港駅前を過ぎて山側に進むと、桟橋通り沿いの一等地にはまず日本郵船など有力企業が場所を占める。そして、企業のビルから銀行、デパート、さらに小割りされた小さな商店や飲み屋に代わり、一つ一つの空間が小振りになっていく。内陸から海へ、街が形成された時代の背景や空間の層を、土地利用の変化から読み取ることができる。その途中に明治二十四(一八九一)年に完成した初代の駅舎跡がある。ここに駅舎が設けられた頃は、すぐ近くまで入江が入り込んでおり、現在の門司港駅辺りは一面の海であった。

駅舎跡の先は緩やかな上り坂になり、安定した地盤となる。桟橋通りから右側に折れる道路が通されている。道の先には、石積みされたような壁の上に三階建ての大きな木造建築がランドマークとして視界に入る(写真6-5)。その脇に、幅二メートル強の細い道が奥に延びる。少し上がった左側にはゆったりとした庭を持つ屋敷もある。明治期には崖の上から門司の市街と海が一望できた(写真6-6)。船の航行もつぶさに眺められたはずである。

写真6-4　海側にも顔を向けた大阪商船ビルのファサード

細い道は幾度も二股に道が分かれ、迷宮空間をつくりだし、不審者を除外する装置のようにも見受けられる。逆に、この細い道を下れば、先ほどの道へと、一点に集中する明解な構造だ。よそ者が集まる不安定な時期に、山城を思わせるセキュリティの高さがある。初代駅舎の周辺の港と、丘陵に展開するラビリンス空間をつくりだす町がセットになり、近代港町・門司の原点の一つがつくりだされた。

写真 6-5　ランドマークとなる三階建て木造建築

写真 6-6　ラビリンス空間からの眺望

近代倉庫群に隠されたもう一つの原点

第一船溜から第二船溜の間は、明治期に塩田跡地を利用して建てられた巨大倉庫群が連続して並んでいた（図6－4）。現在は一部の煉瓦構造壁を残した門司港レトロ駐車場となり、車で門司を訪れる人たちの駐車スペースを提供する。

その先に、第二船溜があり、山を背にした甲宗八幡神社が鎮座する（図6－5）。甲宗八幡神社か

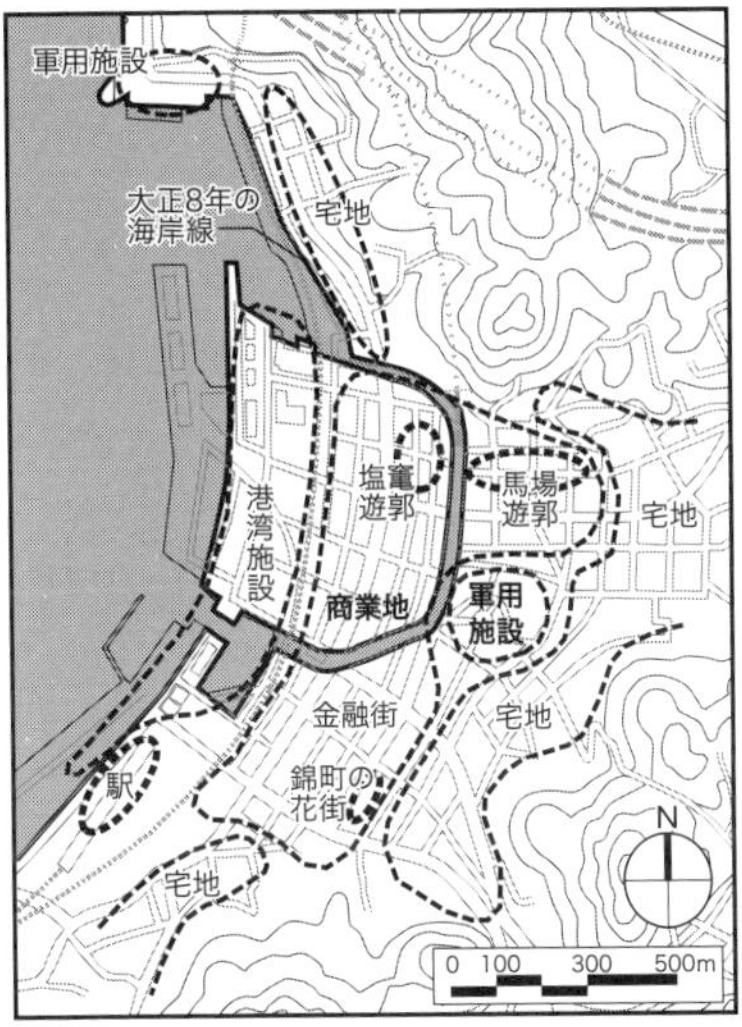

図6-4　明治32年の門司市街略図

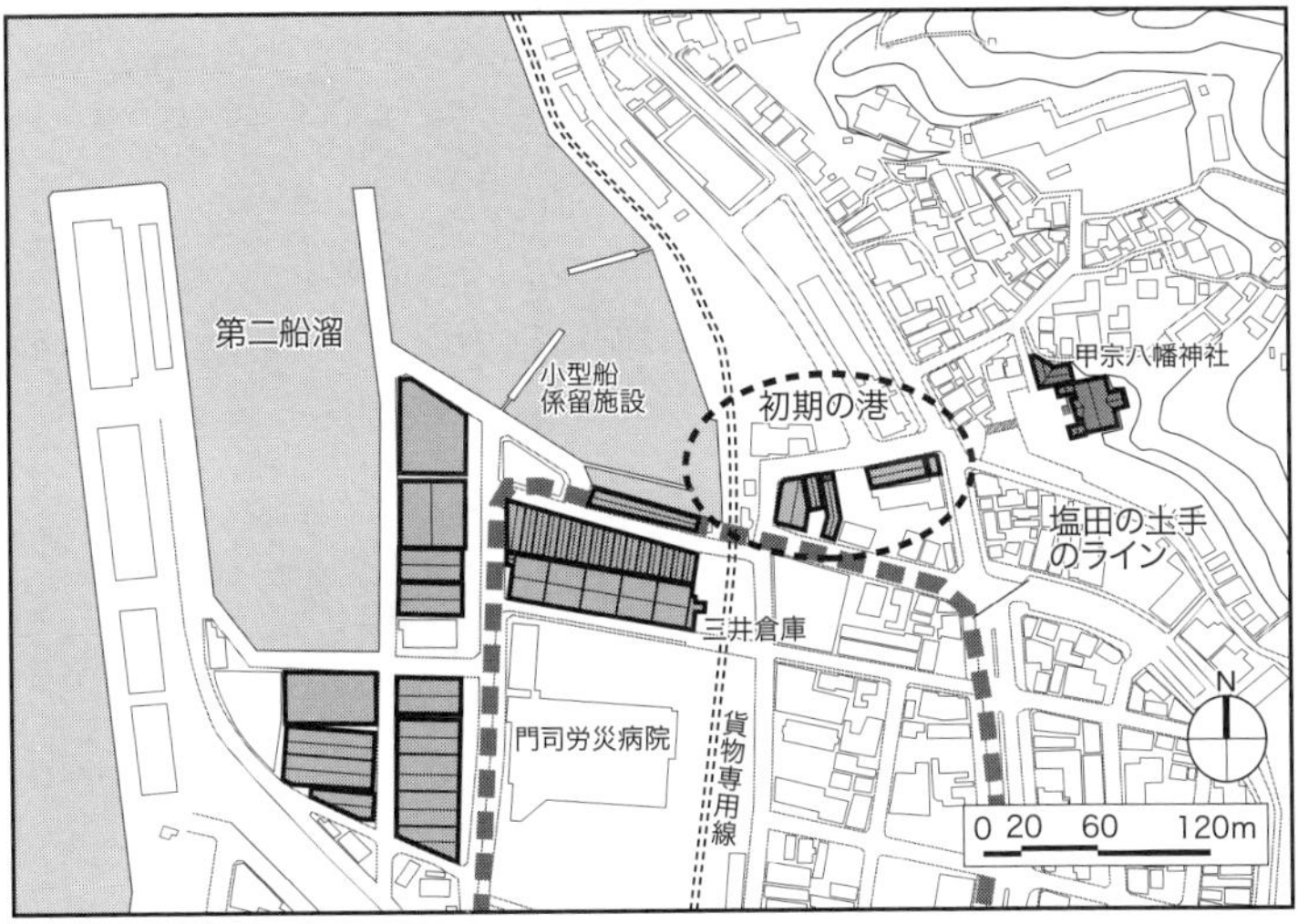

図6-5　倉庫群とその周辺の配置

ら東側、海岸に沿った一帯は近世を通じて漁村集落が残り続けた。このあたりは、巨大な埠頭は望めないにしても、既存の良港であった。初代の門司駅が明治二十四年にでき、門司の都市開発が軌道に乗りはじめるまでの数年間、第二船溜周辺が初代の門司駅周辺より、港づくりにはるかに有利な条件であった。甲宗八幡神社下は港として重要な位置を占めていた時期があったとしても不思議ではない。そのことを物語るように、甲宗八幡神社参道の延長上にある道路沿いには、古い煉瓦造の倉庫が現在も建ち続ける。この倉庫の際までが明治二十四年以前は海である。急ピッチな都市化の進展は、埋め立て、造成を待つ余裕を与えなかった。塩田一面に巨大倉庫群を立地させる条件が整うまで、地盤のしっかりした塩田の土手の上に参道を延長するように小規模な倉庫が次々に建てられ、発展の初期段階を支えた。ここに、近代港町・門司の二つ目の原点の姿が見えてくる。

港町の水際は生き物のように変わり、門司の成立過程にはスピードがあった。なんと二、三十年で街の基本骨格ができてしまう。しかし、欧米の先端技術を取り入れながら、驚くことに港町をつくる方法は中世から近世に向かう日本の都市形成の展開とほとんど変わらないプロセスがあった。そのことが重要で、今見てきた二つの原点を読み解くことで垣間見られる。都市の再生には、古い建築や都市空間を維持して使いこなすことはもちろんだが、いかに短い期間でつくりだされた街のプロセスであっても、門司が歩んできた近代の歴史の蓄積を評価し、活かすことが大切である。この二つの原点からの眼差しを出発点として、レトロブームに乗るだけではない、近代港町としての門司らしさが描きだせる本物の水辺都市再生に向かうことが望まれる。

二　パッチワーク都市――小樽（北海道）

門司と同様に、近代に入り新たに都市開発された港町が小樽である。小樽は古い石造の建物が残り、それらを利用したみやげ物店が並ぶレトロな観光地として知られる。三〇年近く前、小樽運河の埋め立て是非の問題が持ち上がる。小樽では全国的な規模の保存運動が繰り広げられ、官民の歩み寄りが運河再生に向かわせた。行政の理解と運動の甲斐があり、小樽運河沿いにプロムナードが整備され、心地よい水辺景観をつくりだす。だが、その場所に興味をもち、散策を楽しむ観光客の姿は現在賑わう一部のエリアを除けば、閑散としている。車で訪れる観光客の利便を図るために、廃屋となった倉庫を更地にし、広大な駐車場が用意される光景も目にする。

特異な地形と自然環境

江戸時代の終わり頃、ニシンがオホーツクの海に北上し、小樽周辺が魚場として最適な条件に変化する。小樽は、小さな漁村が点在する場所から、近代港町への可能性を高める。ニシンに湧く漁港の賑わいは、強力な場の引力となり、政治・経済の機能を引き付ける。明治十年代には、石炭の積出港となり、さらに人と物と金が小樽に引き寄せられる。

小樽は、東北地方以西の港町に比べ、北海道の自然条件の厳しさがある。山から海に向けて突き出すように、二つの小山が海辺近くに突起する。勝納川《かつない》と、複数の小さな川が海に流れ込み、幾つかの入江をつくりだす。荒々しさを伴う地形条件が日本の港町の風景構造とは異質な都市の生い立ちを生む（図

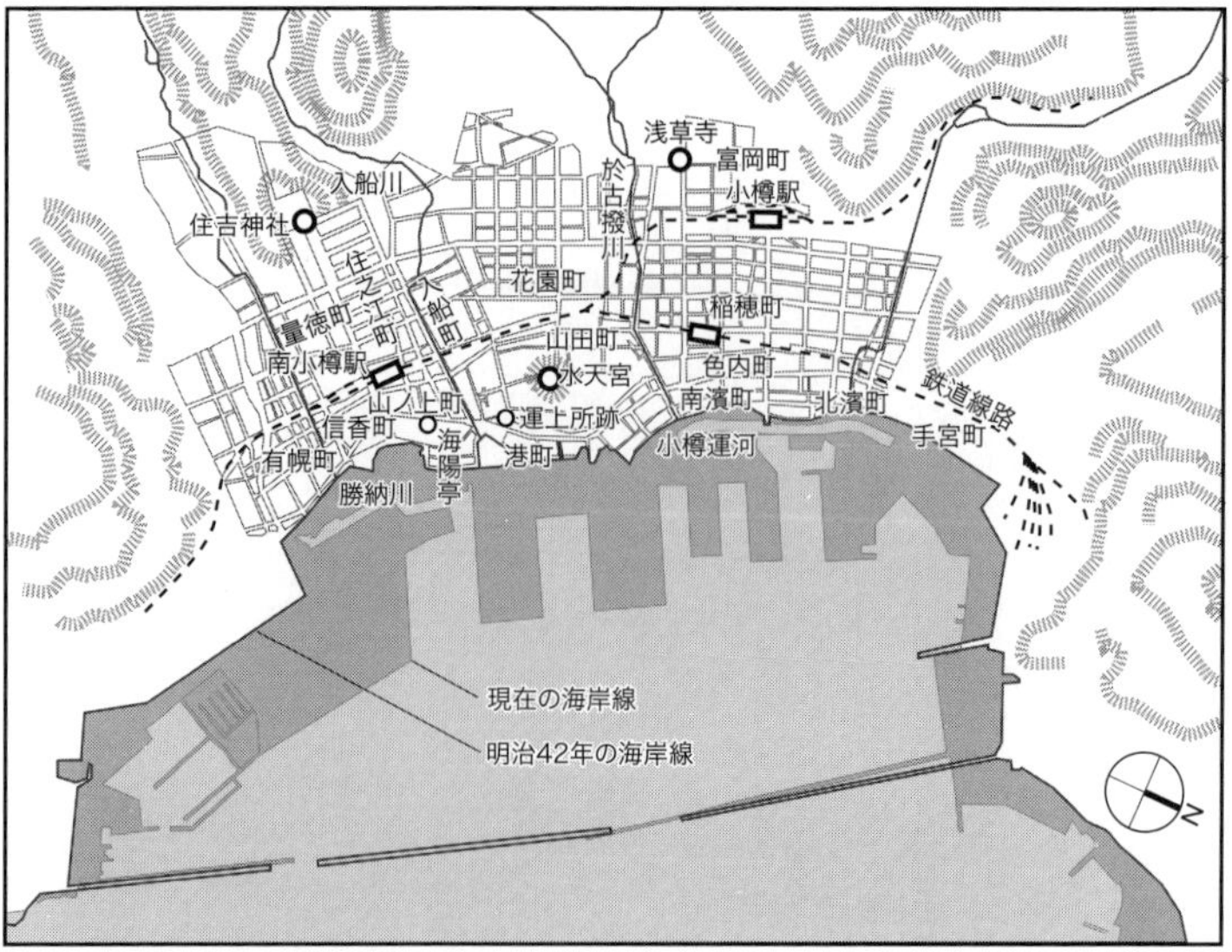

図 6-6　明治 42 年の小樽市街地

6−6）。小樽では、二つの小山をどのようにして利用し、港町の形成条件を落とし込めるかがポイントとなる。

　小樽の海に面する二つの小山のうち、北に位置する小山に弁天社が十八世紀の中頃から祀られ、その参道は信香《のぶか》に向けられていた。信香はサケが遡上する河口の町として、すでに基盤を築いていた場所である。信香にとって、小山は神聖な場を設けるのに最適な位置にあり、ニシンが町を潤してからは海の状態を知る日和山としても意味をもちはじめる。現在の信香は、静かなたたずまいだが、近代港町形成初期の拠点であったのだ。明治十年代に石炭を輸送する鉄道が手宮まで敷設された時、途中にある現在の南小樽駅が最初に陸の玄関口として位置付けられ、信香は小樽における中心性をさらに強調する。

　入船川と於古撥川《おこばち》に挟まれたもう一つの小

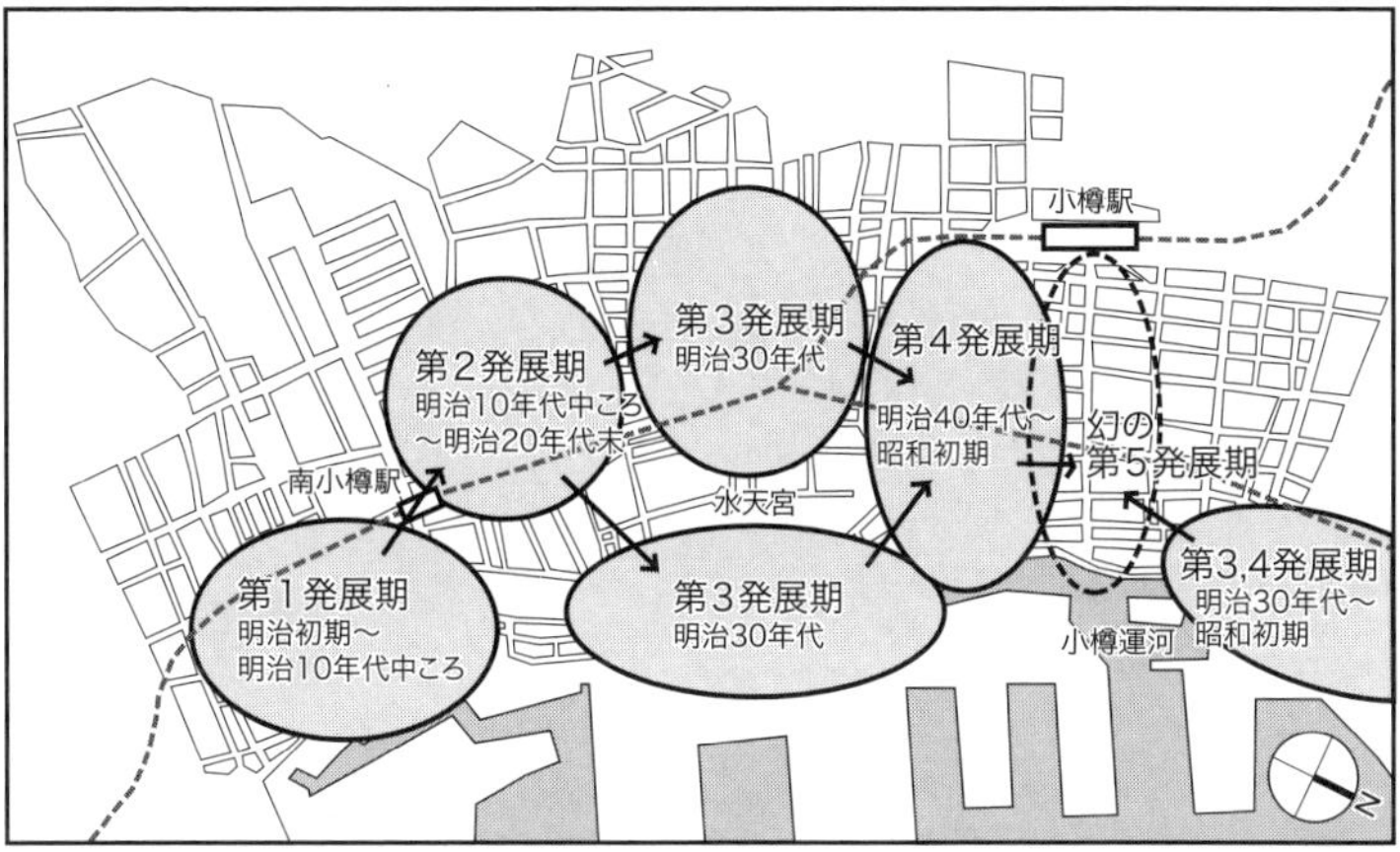

図 6-7　小樽の都市空間発展段階

山には、水天宮の前身となる小祠が安政六（一八五九）年に祀られる。その後、水天宮に向かう参道が入船側に通され、参道下近くの小さな入江には港ができ、運上所も置かれた。入船は、手狭になった信香に対抗できる港町に発展していき、明治二十年代には信香から入船に都市の重心が移りはじめる。

明治前期の小樽は、二つの小山を舞台に近代港町発展の土台を築く。信香と入船の二つの港町は、ほぼ同じように、小山を背景に、神社、参道、その下の小さな入江に港と町をコンパクトにつくりあげ、近世港町のモデルを再現したのである。

多面化する街の発展手法、三つの流れ

その後の小樽は、信香と入船の二極を拠点として近代に発展する（図6-7）。都市が拡大する過程では、三つの流れを生みだす。一つは、新開地に新たに近代港湾をつくりだす。街の背後に鉄道が敷設され、手宮まで延伸されてからは、全国の巨大資本が手宮を目指した。大規模な船入堀

写真 6-7　日本郵船の建物

写真 6-8　住吉神社の参道

図 6-8　移転した住吉神社の場所

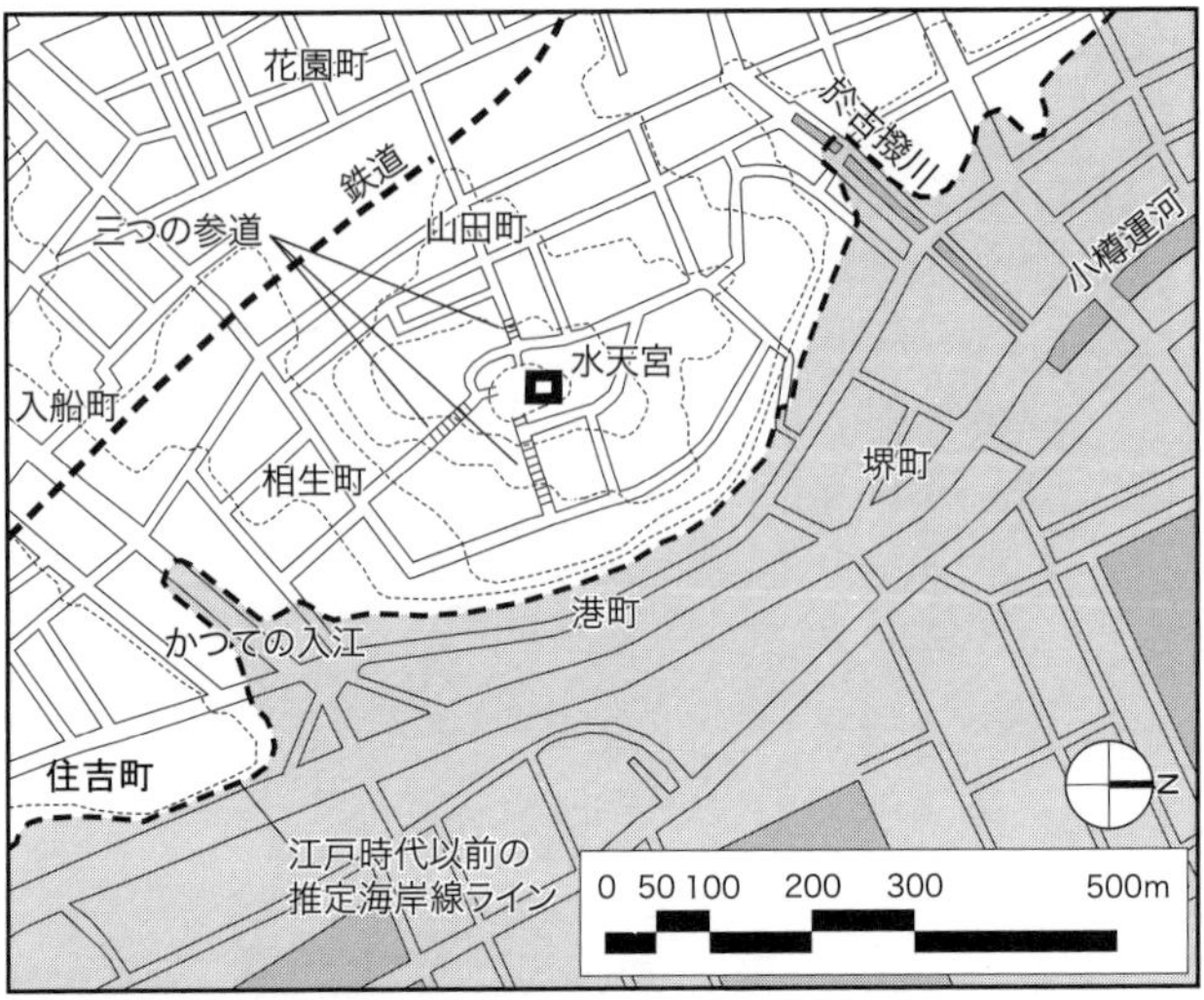

図 6-9　水天宮の三つの参道と入江

が開削され、その周りには日本郵船をはじめ、近代建築のオフィスと、今見ても驚くほど大きな倉庫が明治の中頃から建てられていく（写真6―7）。小樽の新たな発展の方向性が示された。

　二つ目の動きは、住吉神社の移転に見られる（写真6―8、図6―8）。住吉神社は、先の弁天社が前身とされ、信香と入船が都市拡大する経緯を受け、丘陵を背にした場所に移る。そして、この二つの街の中間、両睨みしたかたちで立派な参道を設ける。住吉神社の門前には、遊廓が置かれ、港から町へと、人の流れが行きつく先に遊興の場がつくりだされた。

　三つ目は、水天宮のある小山である。これを境界にし、入船の西側に市街化のベクトルを向けた動きが生まれる（図6―9）。港は海側の現在数多くの石造建築が残る港町に、町は小山の裏側に発展する場を求める。そして、水天宮からは二本目の参道が内陸に向かって真直ぐに延ばされた。小山の裾には参道と直交する形で道が通され、山田町が整備される（写真6−9）。現状からは、全く的外れの方向に参道が通されているように感じるが、歴史を読み解くとその必然性が見えてくる。小樽は、町が新地を求め発展を繰り返すことで、都市としてのかたちを整え、次の展開を示し、独自の近代港町をつくり得たのである。

近代化の先の小樽未来図（小樽駅と小樽運河）

小樽が港町としてさらに発展し、近代化するには、色内《いろない》とその周辺のなだらかな斜面地、その前面の港の存在が欠かせない条件となる。土地条件だけでいえば、市街地の立地に最適であった。このあたりの海岸には明治二（一八六九）年に海の関所が設けられ、埠頭も築かれた。だが早期に都市発展の対象とするには難しく、市街地を形成するまでには至らなかった。

小樽はこの場所を活性化することで、都市空間を完成させ、日本屈指の近代港町の地位を不動のものにしようとした。信香からはじまった港は、明治の終り頃入船、港町、境町と展開し、手宮まで連続する。近代港湾の建設が待たれていた。一方の町はどのように展開したのか。地図をよく見ると、北のウォール街といわれた場所は、浅草寺

写真6–9　水天宮の鳥居と山田町から延びる参道

写真 6-10　現在の小樽運河

の参道となる都市軸上にある。そこには、旧日本銀行小樽支店をはじめ、有力銀行が軒並み場所を占める。

それに対し、昭和初期の優れた近代建築、小樽駅の駅舎から、小樽運河に向かう都市軸にはめぼしい近代建築が一つも建てられていない。そのことが、町として成熟し得なかった状況を何よりも物語る。小樽は、小樽駅の完成を待つようにして、近代港町の全盛時代を終える。ハシケを基本とする小樽運河の建設はこの終焉を目前にした大正十二年につくられた（写真6-10）。近代的な埠頭が全盛となりつつある時期、あえて運河を整備した背景には、欲得が絡んでいたのかもしれない。しかし、小樽運河が小樽駅と一体化した都市の骨格をつくりだした背景には、運河の価値だけの問題を越え、街のあり方を問うキーワードが隠されている。全体の都市空間を描きだす総仕上げをしようとする街の意志があったように思えるからだ。

しかもそのことが八〇年以上の歳月を経過した今も、生き続けていることに驚きを覚える。

小樽の魅力は、各時代につくりだされた町のアイデンティティがパッチワークのように、独特の連鎖空間をつくりだし、エキゾチックな都市空間にまとめあげてきたことにある。しかし、最後のパッチワークの布端《きれ》が町のアイデンティティを語れずに今日まできていることも確かである。しかし、小樽駅と小樽運河の間にある都市軸が未成熟のままであり、その先にある海との関係が希薄化している。小樽は、海に開かれた港町であることの再認識によって、個性ある新たな都市の輝きに結びつくはずなのだが。

2 近世以前を原構造とした近代港町

門司、小樽とは異なる、いま一つの近代港町の発展プロセスがある。それは、近世及びそれ以前につくられた都市構造の基層の上に、近代に発展した港町が歴史的な層を折り込みながら新たな都市空間を成熟させるというプロセスである。そのことにより、歴史的な都市構造を持つ港町が新たな時代の要請を受け止め、近代に再構築される時、近世以前の歴史が近代の空間づくりに重要な意味を持ち得ていたと理解できよう。このような考察から、近世から近代へ、都市空間の歴史的連続性の価値を見いだすことができる。その例として、神戸、横浜、函館があげられる。

これら近代港町は、幕末に鎖国されていた日本の門戸を開き、開港場となった。開港場は、長崎をはじめ、神戸、横浜、函館などがあげられる。開港場から出発する近代港町は、商港として外国との交易が主であった。そして、多くの船が出入りするメリットを生かし、造船業が基幹産業として著しく発展もする。

このなかで、長崎は初期の段階で主導的な立場にあり、幕末においても開港場としての先陣をきるかたちとなる。。長崎は、鎖国されていた江戸時代から、ポルトガルや清国といった一部の国に対し、出島において門戸が開放されていたが、近世に培われた都市空間を変貌させることはなかった。近代化されていく場所は主に旧市街の周縁にすぎなかった。それに対し、特に横浜と函館は近世以前の空間構造の内部に近代を受け入れ、新たな展開を見せたことに興味を引かれる。

横浜と函館は、欧米の先進的な都市開発や建築の技術を単に導入しただけではなく、過去からの連綿と続く生活環境、自然環境を受け入れながら、歴史的な基層の上に新たな都市空間を成り立たせてきた経緯があった。これから読み解くことは、同時に歴史的文脈を消し去るようにスクラップアンドビルドしてきた高度成長期以降の都市変貌に対する問題提起として、今日的にも都市再生を考えていく上で重要な意味がある。

これら横浜と函館にいま一つ加えておきたい近代港町が神戸である。神戸は神功《じんぐう》皇后の時代に古代港町を誕生させた古い歴史を持つ。しかしながら、より有利な湊機能を可能にする自然条件の整っていた兵庫津が中世から近世にかけて繁栄し、神戸は寒村であり続ける。このような環境から、神戸が幕末になり開港場に指定された。近代港町建設に着手した時、古代の生田神社と海に延びる参道が拠り所となる。まずは、明快に思える神戸に足を踏み入れることにしよう。

写真6-11　ハーバーランドとメリケンパーク

一　神話が同居する近代――神戸（兵庫県）

港町への訪れは、海からという鉄則にもとづけば、船となる。ただあまり大袈裟に考えず、まずは気軽な気持ちで神戸への旅をはじめたい。幸い大阪港から、九州・四国に向かう定期客船が神戸に立ち寄る。それに便乗しよう。日の長い夏であれば、最終の船は空が暮れかかる時間帯に出航する。一時間程の航海だが、瀬戸内海を航行中に周囲はすっかり闇に閉ざされ、船の位置をわずかに知らせる陸からの明かりが神戸の市街であった。

旅も終わりに近づき、船は遠目からでも一際明るく光を放つ方向へ吸い込まれ、港に入る。阪神淡路大震災の後、ハーバーランドとメリケンパークが復興を機に再開発され、港に出入りする客船を包み込む。船からの訪問者を光のページェントが迎え入れる（写真6―11）。

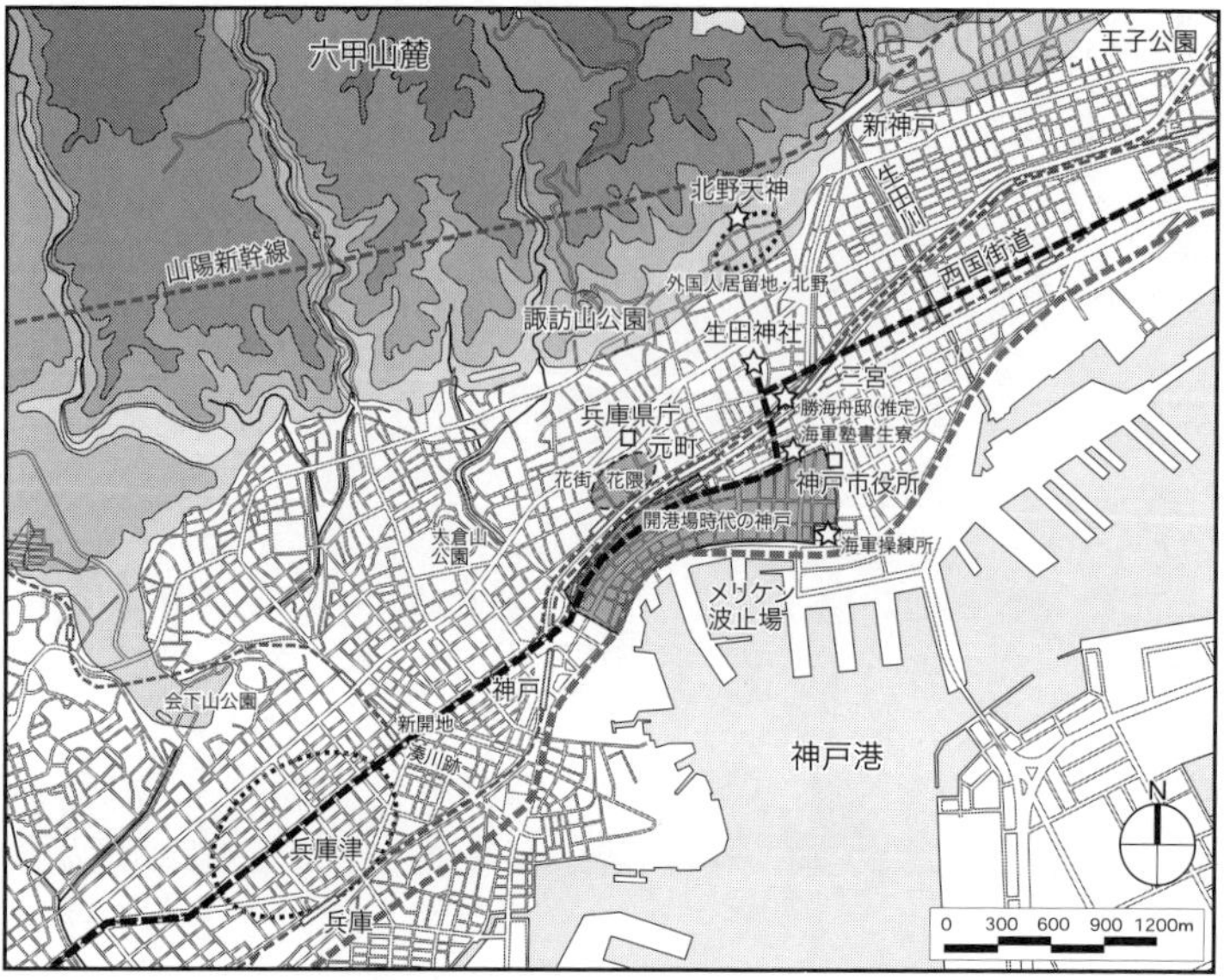

図 6-10　神戸の街区構成と歴史的スポット

聖域の場としての近代神戸

神戸は、旧暦の慶応三（一八六七）年十二月に開港場となり、近代港町として発展する（図6―10）。その範囲は、地形条件も手伝い、南北が海から六甲山に向かうなだらかな傾斜地に至るまで、東西が二つの河川、生田川と、すでに埋め立てられた湊川を境界とし、限定される。湊川の西は港町として繁栄する兵庫津（大輪田泊）があり、その近世と決別するかのように神戸港が近代につくられた。

歴史的には、兵庫津が古くから舟運の拠点としてその名が知られ、神戸の寒村とは比べようもなかった。だが一方の神戸にも歴史の浅さを感じさせない何かがある。わけても、モダンな街の真ん中に鎮座し続ける、生田神社の存在は興味深い。それはこぢんまりとした境内に立つとわかるような気がする（写真6―12）。このあたりに潜む古《いにしえ》からの繊細な風

写真 6-12　生田神社と境内

土が感じられるからだ。ひょっとして、神戸に近代の歴史の曙をもたらすために、再び女神が微笑んだのではないかと思いを馳せてしまう。

生田神社は、天照皇大神の御幼名ともいわれる、稚日女尊《わかひるめのみこと》が祀られており、西暦二〇一年が創建である。その由緒は『日本書紀』に記されて以降、今まで伝え続けられてきた。この神社は崖など、霊験あらたかな地形構造に立地しているわけではない。風土になじむように平坦地から緩やかな上り斜面となる境に、おもむろに女神が舞い降りたように場を占める。

六甲山麓から瀬戸内海に流れ落ちる幾筋かの川の流れは、大河を形成するわけではないが、流域の土地を田園とするには充分な水量である。前面に広がる瀬戸内海は、大陸と大坂、京を結ぶ舟運の大動脈であるばかりでなく、魚貝の宝庫でもある。小さな農村や漁村の集落を成立させる良好な環境がそこにあり、豊富な地下水を溜めた土地は近代港町を成立させる上での魅力を備えていた。しかしそれには、生田神社の神話から、古代、中世、近世を経て、さらに時代を下る必要があった。

開港場の背後に潜む歴史の渦

生田川と名づけられた川の上流近くには、いま一つ神戸を位置付ける重要な場所がある。それは、六甲の山並みの麓、急斜面を利用して建つ神戸北野天満宮である（写真6-13）。この神社は、治承四（一一八〇）年、平清盛が京都から兵庫の地に都を移した時創建された。「福原」をつくるにあたり、禁裡守護、鬼門鎮護の要《かなめ》の地として、学問の神・菅原道真（八四五〜九〇三年）を祀る京都北野天満宮から勧進し、社が建てられたものだ。この男性的な神戸北野天満宮は女性的なやわらかさを感じさせる生田神社と好対照に映る。

写真 6-13　神戸北野天満宮

現在の天満宮周辺には、風見鶏で有名なG・トーマス邸をはじめ、欧米の人たちが住んだ洋館が街の雰囲気を異国情緒に駆り立てる。神戸北野天満宮からは、神戸港が望め、それに向かって軸線が延びる。それと平行して何本かの坂道が港を目指す（写真6-14〜15）。これらの道沿いでも洋館が街の風景を引き立てる。

天満宮の境内に立ち、短命に終わった歴史の舞

写真 6-14　北野天満宮から神戸港を望む

写真 6-15　港に向かって延びる坂道

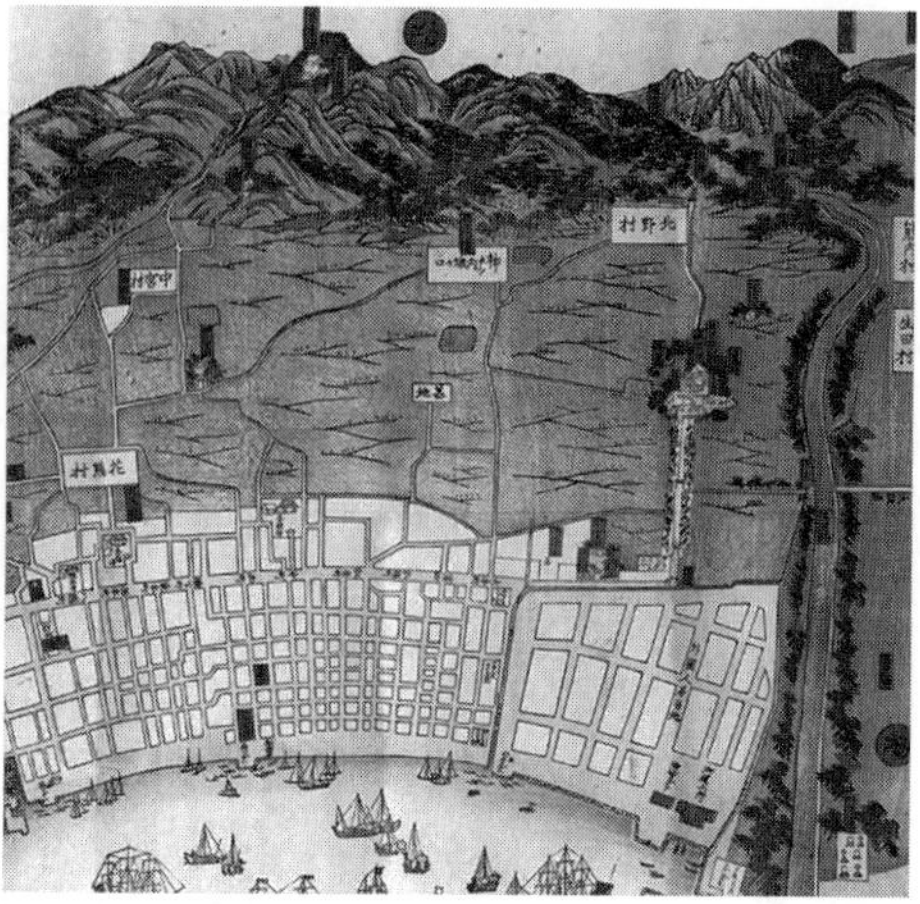

図 6-11　開港場となって間もないころの港町・神戸（慶応 4 年＝ 1868 年「開港神戸之図」部分．神戸市立博物館蔵）

台、福原に思いを馳せると、壮大な大陸との交易を視野に入れ、港町を基本に据えた清盛の海人としての姿が浮び上がる。生田神社の位置は、海岸線に沿ってほぼ平行に西側にスライドさせると、半島のように突き出した小山に行き着く。現在会《え》下《げ》山《やま》公園となるこの山を背景に、瀬戸内海を望む福原が造営されたのである。

天満宮の急な階段を降り切った所には、等高線を選ぶように旧道が東西に延びており、歩いていてもあまり起伏を感じさせない。その道沿いには、和風の町家が町並みをつくり、北野の村落の中心であったなごりを感じさせる。その道の先に、かつての福原の都跡があり、兵庫津の賑わいがあった。

想像の域へと大いにはずれそうだが、神戸港を見下ろす高台に立地する神戸北野天満宮は、一方で生田神社の存在を強く意識して建てたのではないかとの思いがある。それは、福原にとって鬼門の方角であるとしても、あまりに離れた場所に天満宮が祀られており、同時に神戸市街とその港を一望にできる場所から、生田神社を中心とした田園に睨みをきかせているようにも見えるからだ。そして、この二つの神社はまったく異なる眼差しから近代へと向かう神戸を見守り続けることになる（図6-11）。

近代港町を先取りした勝海舟と開港場の山手

神戸で最後に登場してもらいたい人物がいる。それは勝海舟である。幕府の役職にある彼がまず神戸の近代の扉を開いた。幕末、生田神社の森のあたりには勝海舟の指揮する軍艦奉行所があり、そこで彼は薩摩志士の塾生と交流し、新たな曙の訪れを予感していたはずである。参道を少し下った外国人居留地となるあたりに海軍塾書生寮が設けられ、生田川河口付近には海軍操練所がつくられた。まるで、生田神社の参道を意識するかのように三つの施設が立地する。

神戸の開港場は、勝海舟の海軍操練所を港とし、その内部に外国人居留地がまず整備された。その後の繁栄は、横浜と同様に外国人の居住地を郊外の丘陵に開放させていく。それが北野村である。これら異人館の建ち並ぶ場所を起点として、港と結ぶ軸が強化された。その結果、あたかも古《いにしえ》の時代から、神戸北野天満宮から参道の軸が延ばされていたかのように海に向い、生田神社の軸とともに、神戸の明解な都市空間の方向性を示した。

幕末の日本では重要な港や町を避け外国に開放してきた幕府上層部の人たちの思惑をよそに、近代の歴史が展開する。彼らもまた大きな時流に追随したに過ぎない。そして、神戸は全く異なる環境に立地する二つの神社が近代という時を待ちつつ、そこに新たな神戸を描く基層となって存在感を再び浮上させた。

神戸はわかりやすい街であるといわれるが、さらに歴史に潜むパラダイムを身体に感じ取れば、この街を歩く空間体験が極上のサロンとなる。ロマンをかきたてる魅力を神戸に感じるのは、新しい都市空間に見えながらも、歴史が位置づけてきた空間の配置に、独特の風情と揺るぎない風格を備えているからである。

二　江戸時代を読み込んだ近代発展――横浜（神奈川県）（図6–12）

近代に入る以前、日本の港町には良港となる地形条件があった。適度に湾曲した入江、立地する港町の背後に小高い丘、前面には島、あるいは半島のあることが望まれた。横浜の近辺を見渡すと、鎌倉の外港として栄えた中世の六浦《むつうら》がその条件にあてはまる。しかし、これから話題にする開港場・横浜（関内とその周辺）は、内海を埋め立てた平坦な土地が港の背後に広がるばかりで、近世港町の良港の条件を備えていないようにも思える。

内海から巣立つ江戸時代

横浜は、象の鼻のように突きだした砂州状の半島、その内側に広がる内海を原風景に持つ。東側と西側の丘陵を背景に、内海に面して幾つかの港町が成立した。現在ファッショナブルな商店街として賑わう元町、浜っこたちのローカリティを内在させる野毛《のげ》、その原点は港町である。内海を挟んだシンメトリーな風景構造のなかに、元町と野毛とが対極的に位置する（図6–13）。

元町を中心に成立してきた港町は、内海が舟運に利用されていた時代、横浜村という分身を砂州状の半島に移植させる。象の鼻に似た砂州の半島、その先端部には弁天社を奉納し、新田の塩害を避ける目的から周辺が植林され、数万坪の森をつくりだす。横浜村が誕生したことで、横浜のシンメトリーな集

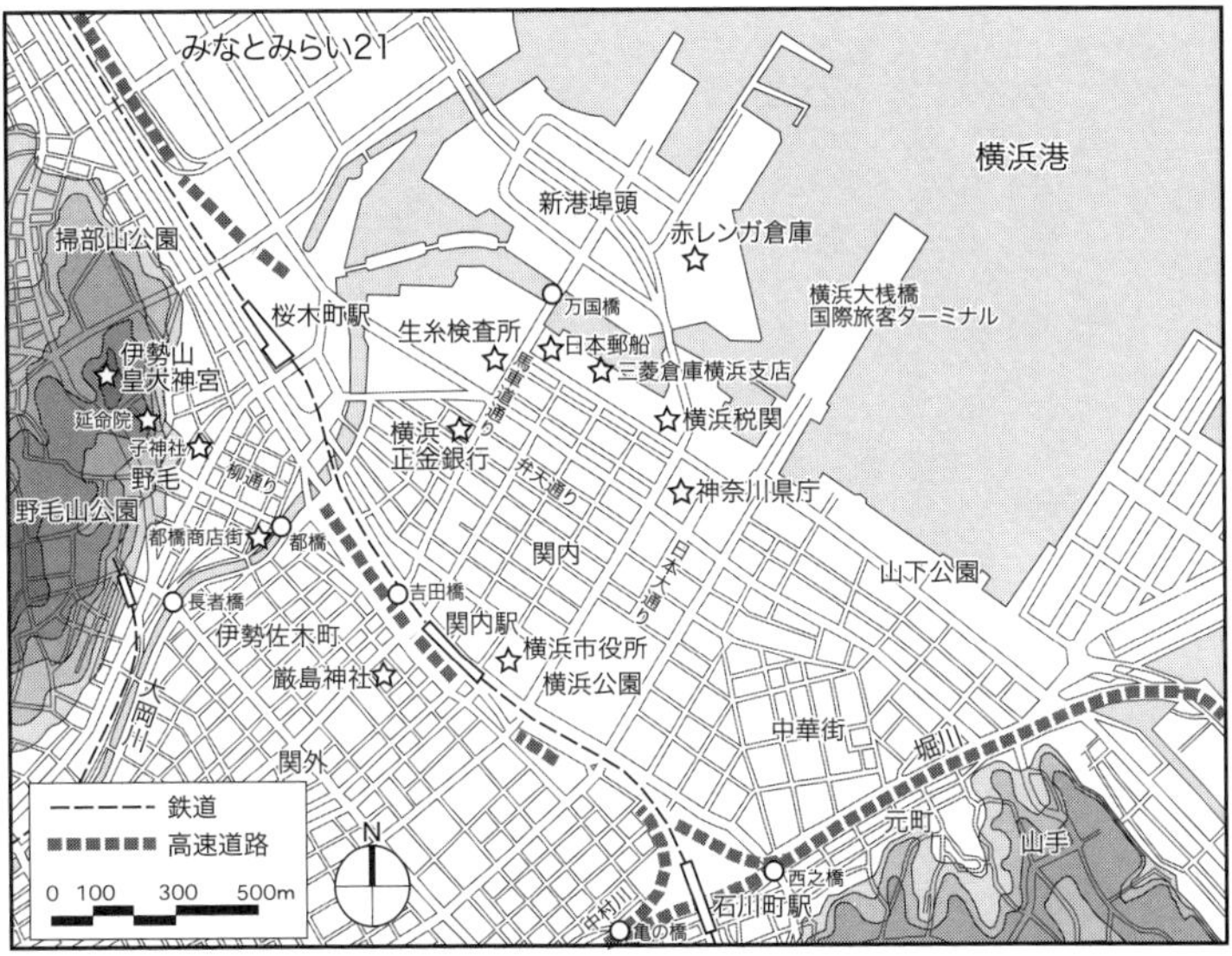

図 6-12　横浜の現況と主要施設

落の配置構造が少し歪む。

広大な内海は、万治元（一六五八）年以降新田開発され、陸化する。その時、二本の川、大岡川と中村川が内海の記憶として残る。砂州と埋立地の境界には、掘割が整備された。この掘割は中村川の延伸となり、河口部で大岡川と再び合流する。吉田新田と名づけられた埋立地には、悪水を抜く幾筋かの堀が通された。

開港場としての明治

嘉永六（一八五三）年、浦賀にペリーの艦隊が来航する。近代日本の新たな歴史、そのトップ記事に横浜が登場するきっかけをつくる。「五か国条約」が安政五（一八五八）年に締結された翌年、横浜村の土地は開港場として開発されていく（図6-14）。十年というわずかな歳月で、横浜は近代港町としての体裁を整えた。元町に再び移転させられた横浜村の畑地が日本

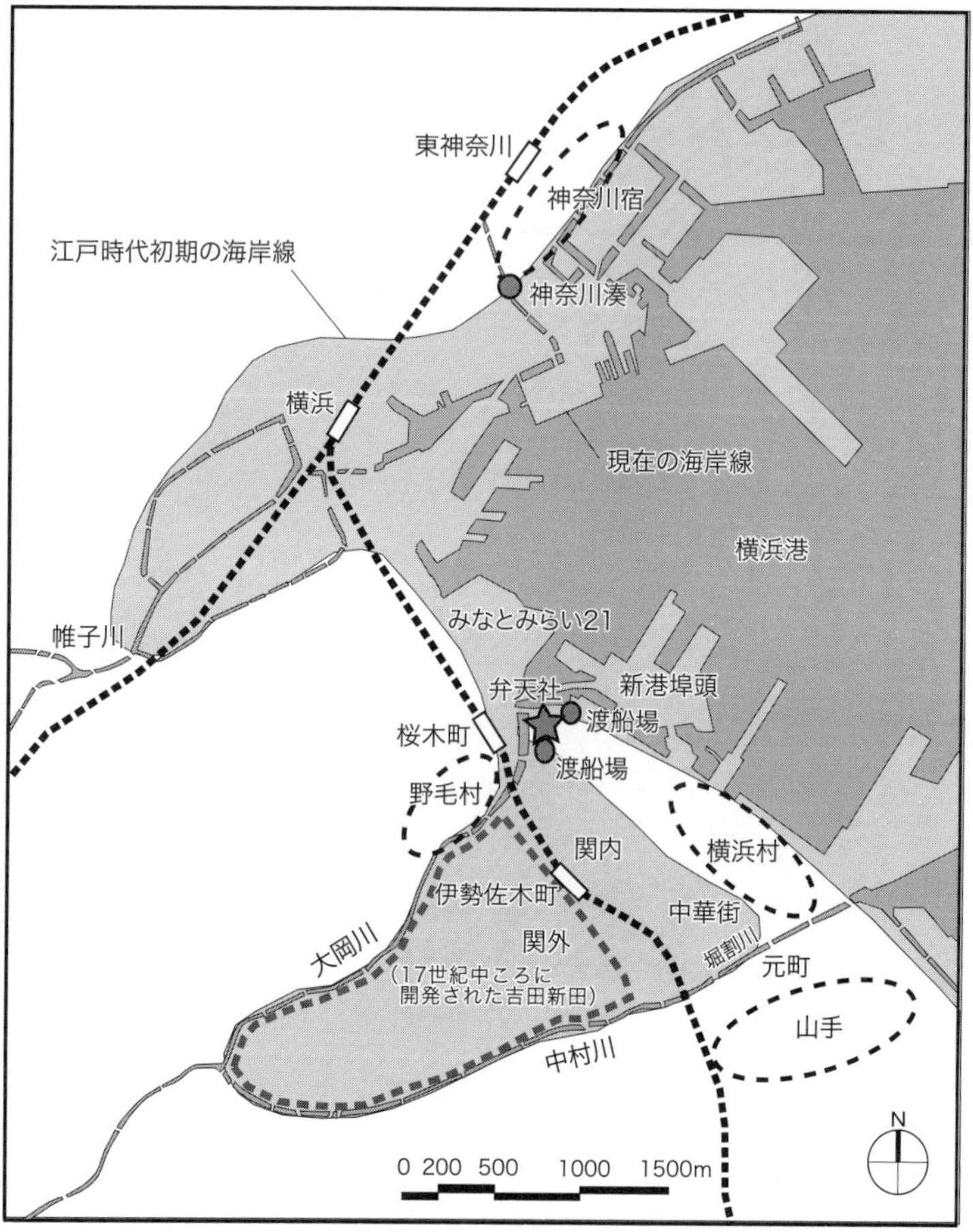

図 6-13　江戸時代初期と現在の海岸線比較

人町となり、集落の移転跡には外国人居留地ができる（図6-15）。この二つの町の間には、運上所、港崎遊廓が置かれた。野球場のある横浜公園に、その遊廓があった。大きく左に折れ曲る中村川の河道は、掘割川の開削で真直ぐに海に流され、元町も再び河岸機能を充実させる。

海側には、三つの桟橋ができた。日本人町と外国人居留地。そして運上所の前には象の鼻の形をした桟橋がつくられる。大桟橋埠頭の根元付近は、現在も当時の面影を伝える。近代埠頭の形が砂州の半島の形に似ていることは、見立ての風景として、内海の時代のミニチュアが再現されているようで面白い。

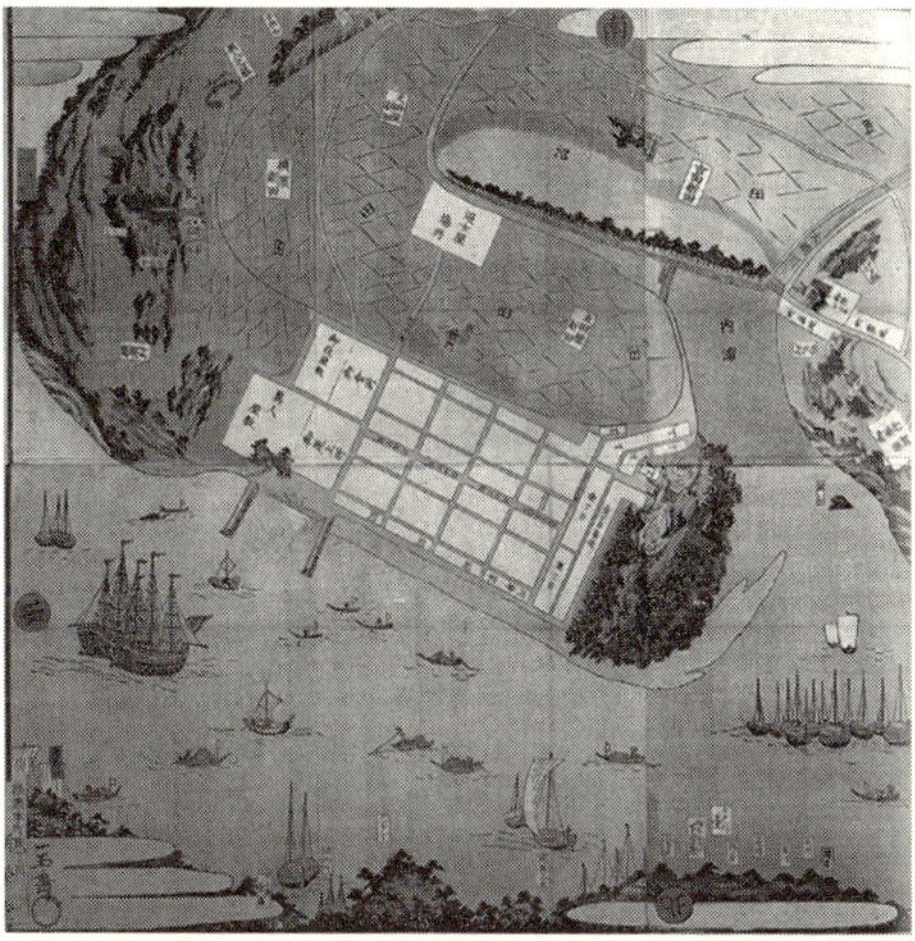

図6-14　開港場となって間もない横浜（安政6年「神奈川港御貿易御開地御役屋敷竝町々寺院社地ニ至ル迄明細大図にあらわす」部分．神奈川県立歴史博物館蔵）

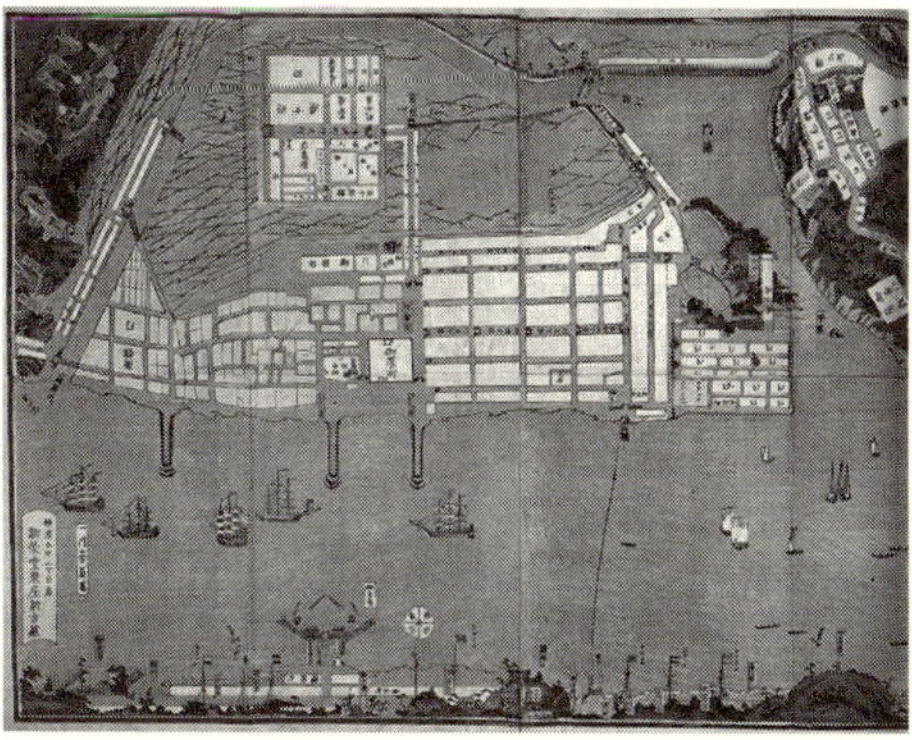

図6-15　外国人居留地が整備された横浜（文久3年「御開港横浜之図」部分．横浜市立中央図書館蔵）

二つの下町と山の手

横浜は、近世日本の港町の特徴をそのまま当てはめると、かなり読みづらい。だが、シンメトリーという考え方をフィルターに通すと、港町の空間的特色を近代都市形成の過程で巧みにしつらえてきたことに気付く。

ロールシャッハの心理テストのように、インクを落とした紙を真二つに折り、再び開いた時の文様はシンメトリー都市・横浜の姿である。現在も、大桟橋埠頭から北上すると、日本大通り、横浜公園、緑地帯となった大通り公園と、折り目に相当する部分を辿ることができる。

横浜は、東京のように「下町」と「山の手」という考えがあまりないようだ。ただ真ん中から一本線を引いてみると、下町と山の手の関係を潜ませるシンメトリーな二つの都市空間が明確に浮び上がる。

山手など、外国の人たちが手掛けた街並みを歩くには、山下公園までシーバス（水上バス）で訪れるとよい。船上からは、山下公園の緑と、山手の崖線の緑とが重なりあって、緑豊かな都市風景を堪能できる。この二つの緑の層に包まれるようにして、歴史の舞台が用意された。横浜新田の形をそのまま受け継いだ横浜中華街を抜けると、元町にでる。その背後には山手に向かう幾筋かの坂道ができる。これらの坂を上がりきると、尾根伝いに通された道沿いには瀟洒な洋館が点在する。街歩きの行程の中に、山の手と下町がコンパクトな形でおさまる。

海に映る街の個性

もう一つの「下町」と「山の手」を次に訪れることにしよう。まずは、横浜の関内を訪れるのだが、

写真6-16　海から見た赤レンガ倉庫

その際シーバスを使うことが最近多い。この船で降り立つところから街歩きをはじめると、街の成り立ちが現在の街並みから充分に感じ取れるからだ。横浜駅近くからシーバスに乗り、海にでると、みなとみらい21のビル群が未来の都市像を主張するように林立している。埋立地には、明治期に建造されたドック、鉄道敷きの護岸など、歴史資産も新しい街にしっかりとおさまる。圧巻は何といっても、船上から眺める赤レンガ倉庫が最高だ（写真6−16）。

物資の保管のために、一般の建物より窓などの開口部は少ない。それでも、関内駅陸側から訪れた時に眺める窓のない味気ないファサードに比べ、海側には多くの窓が設けられ、意匠も凝っている。明治の終りから大正のはじめに建てられたレンガの建物が海に突き出すように正面を向けており、この街が海からの視点でつくられたことを最初に知る。

たとえ同じ道を通っても、歩く方向が異なると、街を理解できないケースが多い。例を一つあげると、赤レンガ倉庫と同じく妻《つま》木《き》頼黄《よりなか》が明治三八（一九〇四）年設計したドイツ・ルネッサンス様式の旧横浜正金銀行（神奈川県立歴史博物館）

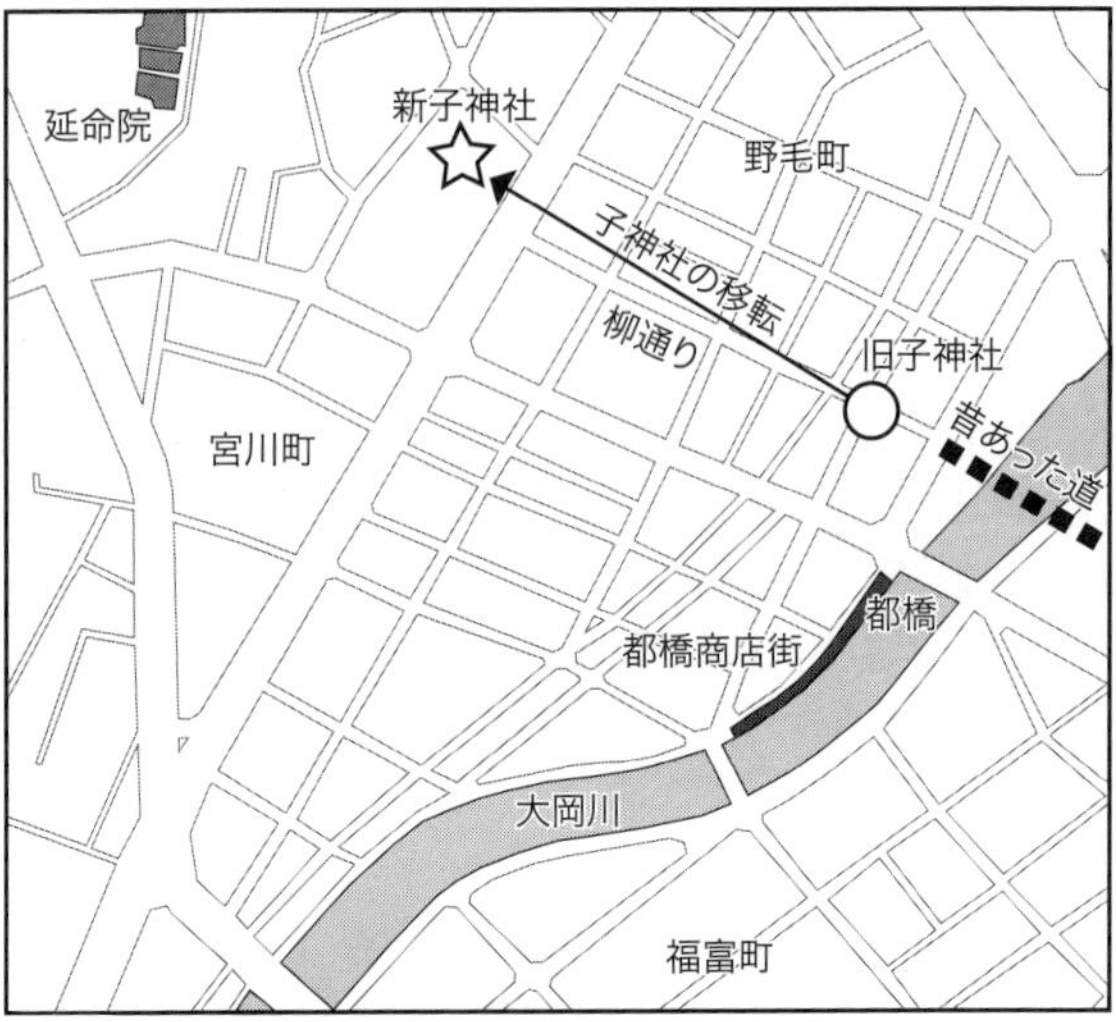

図 6–16　野毛周辺と子神社の変化

があげられる。万国橋を渡り、馬車道通りを北上すると、ドームを冠した角地を正面玄関とする重厚な意匠が視界に飛び込む。逆に内陸側から歩いてくると、振り返らない限り、見事なまでの空間演出は味わえない。

港町・野毛の近代化

野毛は、港町としての歴史が古い。それを知らせてくれるのが子《ね》神社の履歴である（図6–16）。神社明細帳には、白鳳三（六七五）年の勧進と記してある。内海を隔てた横浜村の弁天社と対置するかのように、子神社ははじめ水際に立地した。水と深くかかわって成立してきた野毛が浮かび上がる。

開港場としての横浜の繁栄は、近世港町の野毛を大きく変化させる。開港時、東海道から横浜に入るルートとして、現在の柳通りからの延長線上、大岡川に架けられた野毛橋（現都橋）を渡る軸が整備された。その後、子神社は明治二十一（一八八八）年の大火で焼失し、丘陵の麓に移転する。柳通りが子神社の参道的役割を担うとともに、ここを起点と

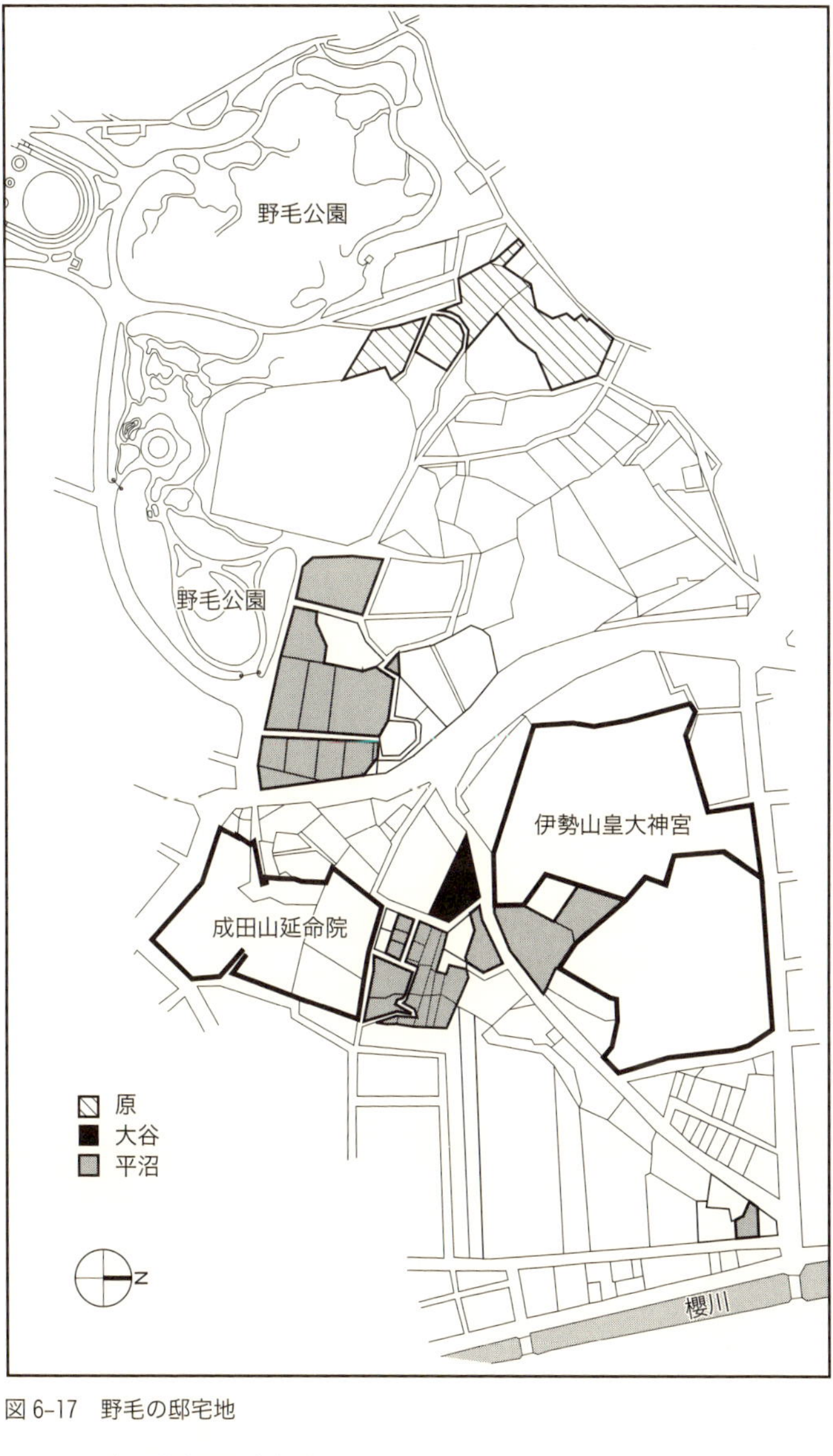

図 6-17　野毛の邸宅地

して左右に賑わい空間が広がる。大岡川沿いには薪炭、酒など各種問屋が軒を並べ、川湊としても繁栄する。

明治のはじめ頃、横浜の総鎮守である伊勢山皇大神宮が国費で創建され、成田山新勝寺より分霊、勧進した延命院が移ってから、野毛の丘陵がより象徴性を増す。これらの寺社は、横浜の海や街が一望できる高台にあり、人々に親しまれる名所となる（図6-17）。さらに丘陵部には、明治以降貿易で巨万の財をなした大谷嘉兵衛、原善三郎などの邸宅が立地し、高級住宅地をつくりあげる。元町が山手の下町とすると、野毛も明治期に入り山の手と下町の関係を成立させたことになる。

今日の横浜は、埋め立てが進み、ビル化が進行するなど、都市空間を激変させてきた。そのために、横浜固有の都市特性が見えづらい。しかし、海からこの街を訪れ、横浜の歴史をつづる地形や道、建築の配置を肌で感じて歩くと、街並み自体がやさしくその仕組みについて語りかけてくれる。街歩きの面白さがここにある。

三　多層な時代のレイヤーが描く都市像——函館（北海道）

東京から函館を訪れるには、飛行機が最適かもしれない。あるいは、二〇〇四年夏に八戸まで新幹線が延びてからは、乗り換えて青函トンネルを潜り、鉄道で函館に向かうことも手軽な選択といえよう。しかし海に開かれた港町・函館をせっかく訪れるからには、船で旅するプロセスを大切にしたい。鉄道が発達し、青函トンネルが完成するまで、函館は船で訪れることが基本であった。

写真 6-17　断崖絶壁の島

海からの函館山

青森から津軽海峡を渡り、まず目にする函館の光景は、断崖絶壁の島である（写真6−17）。人を拒絶する孤島にも見える。函館市街がどこかに存在することをためらわせる。日本の港町は自然の地形を上手に使い、敵からの守りばかりではなく、自然の猛威との戦いから、要塞都市化を様々な方法で志してきた。この島のあり方は、その一つであるように思える。

しばらくして、船は断崖絶壁の風景をなめ、函館湾に回り込む。その時、函館山は裾野を広げ、人々を受け入れる島に変貌する（写真6−18）。自然に抱かれ、歴史を刻む水辺都市が姿をあらわす。この劇的に変化する風景のドラマは、船で訪れる者だけに与えられたプレゼントである。

函館の市街は、船の進行によって微妙に角度を変える。海に向かう象徴的な坂道、幸《さいわい》坂、弥生坂、基《もとい》坂等が次々とあらわれては、森と町に消え

写真 6-18　函館山のふもとに広がる市街地

る。山と海の自然に抱かれた函館の魅力が船上から感じ取れる。しかし二〇〇四年夏は、船で訪れる者にとってこれ以上函館の街に近づけないもどかしさがあった。船は遠ざかり、郊外に設けられた現代的な埠頭に導かれるからだ。

　二〇〇三年まで、青森から出航する高速フェリーが運行していたと、タクシーの運転手が話してくれた。旧市街に向かうために、やむをえず乗った時のことである。高速フェリーの所要時間は、車が積み込める大型フェリーの約半分の二時間、鉄道とほとんど変らない。しかも、旧市街の中心、煉瓦造りの金森倉庫の前に乗り付けられた。これほど魅力的な海からのアプローチはないのだが、日本ではなかなかこのような試みが長続きしない。

　湾の奥深く、かつての港に近づき、函館山とその裾野に広がる市街と港を船上から堪能できない無念さをはらすために、海に突きだした埠頭に途中立ち寄ることにした。船から確認できた寺社の甍《いらか》、そこから延びる坂道と市街、海に面する煉瓦倉庫や港の様子をじっくりと目に焼き付ける。今回は、観光の賑わいから少し外れた、あるいは忘れられた場所に着目し、函館らしさを考えてみたい。その時、水と〈まち〉の内面的な面白さが見えてくるはずである。

船魂神社と江戸の石積み護岸

現在目にする函館の風景は、こつ然とそこにあるわけではない。都市が形成され、空間が変化を遂げてきたプロセスの終着点である。とはいえ、現状だけでは新たに付け加えられた圧倒的な量の建物などが覆い、歴史の文脈が見えづらい。その状況をクリアにする手立てとして、重要な着目点が三つある。神社の位置と、道の通され方、そして水際空間のあり方である（図6-18）。ここ函館では、船上からも眺めることができた中世に起源を持つ二つの神社、船魂《ふなだま》神社と山之上神社に注目してみよう。港町・函館の空間構造の骨格的な特性が読み解けるはずである（図6-19）。

船魂神社は、崇徳天皇の時代、保延元年（一一三五）に融通念仏宗開祖、良忍上人が開いたと社記にあり、北海道最古の神社である（写真6-19）。延享年間（十八世紀中ごろ）に社殿新築の記録が古文書に残る。神社は基坂と八幡坂に挟まれた日和坂を登り切った場所、函館山を背景にして鎮座する。この坂は基坂など周辺の坂と比べ、非常に狭い。しかし、この幅がかえって古い時代の道としての趣を伝えているように思え、忘れ去られたように脇役化している船魂神社の軸線に興味がそそられる。

そして、船魂神社から日和坂を下った水際は、江戸の石垣が残る。不思議とこのあたりだけが、明治以降に時間を止め、地先の開発はほとんど行われていない。周辺は官の施設が立地し、外国人の洋館や

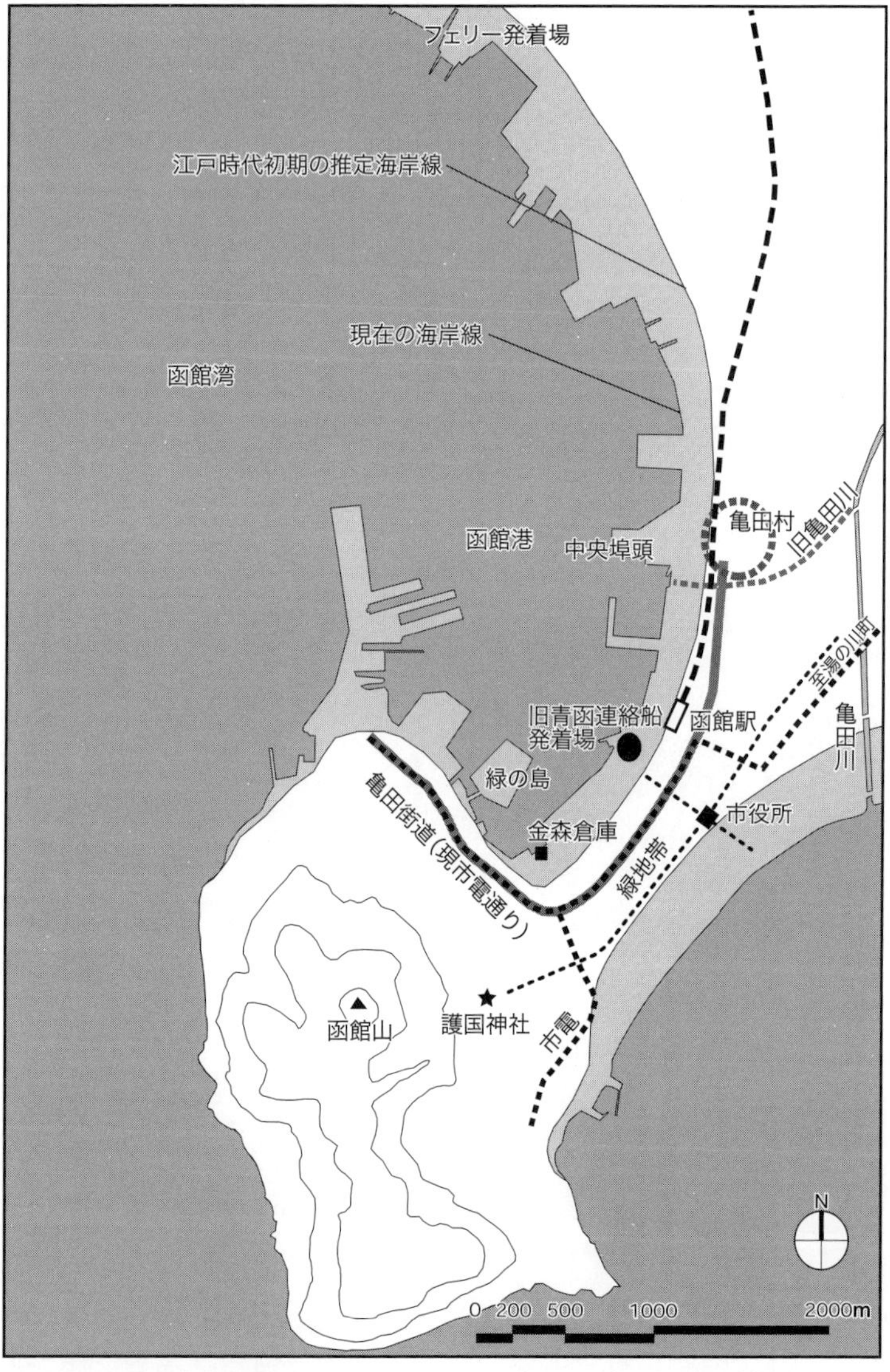

図 6-18　函館の江戸時代初期と現在

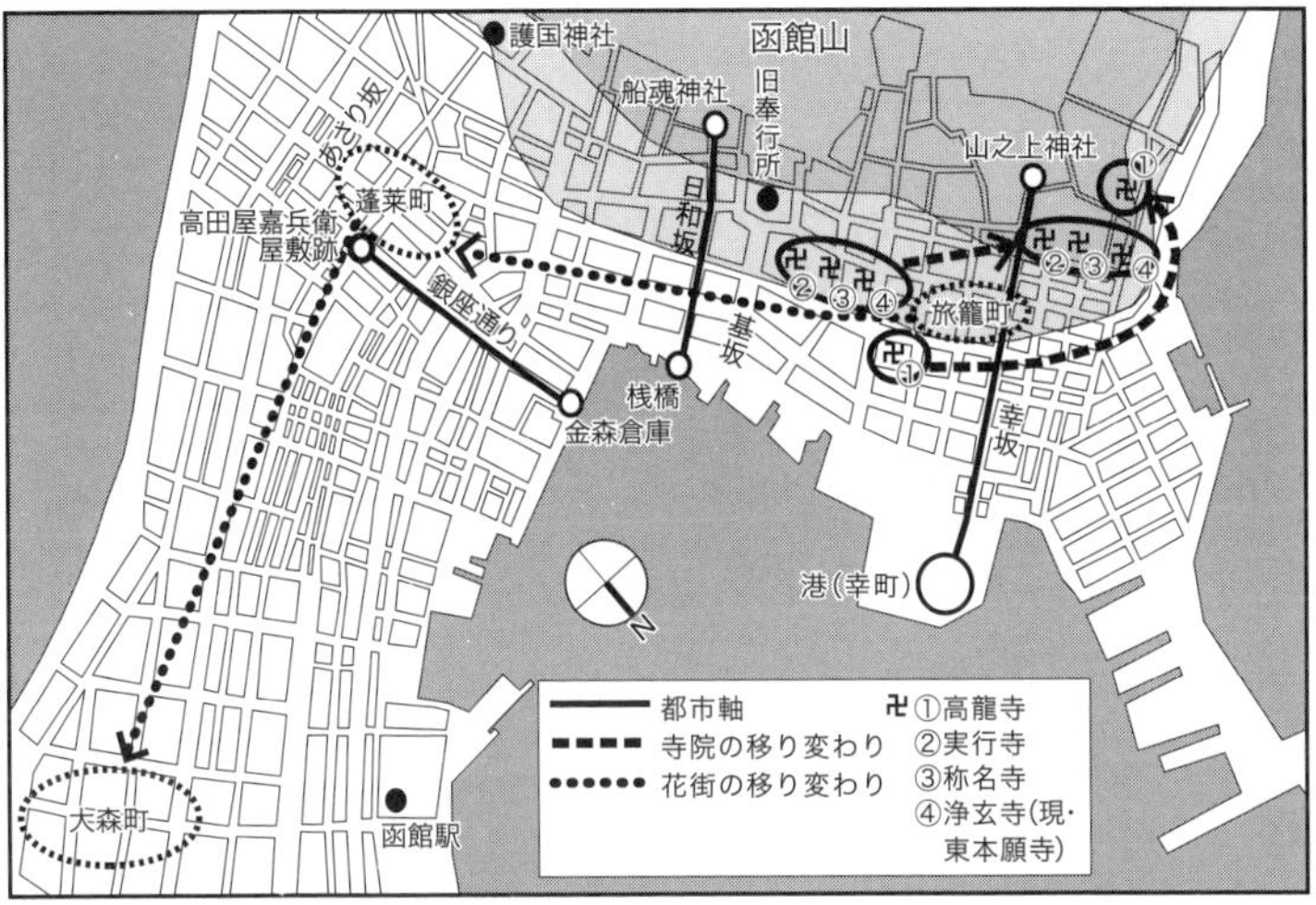

図 6-19　三つの軸と寺社・花街の変化

写真 6-19　船魂神社の参道

教会が立ち並んでおり、近代風景に大きく移行してきた。ただ、観光の目玉として多くの人たちが訪れるルートを歩いていて、変化した近代空間にも内懐に大切なものを抱え込むゆとりが宿っているように感じる。大切なものとは、船魂神社、日和坂、江戸の石積み護岸である。逆に、現代では不要に思えるこれらの存在に、むしろ近代の空間が寄り添って成立していることを知れば、忘れられた場が厚みのある都市環境を維持し続ける手立

写真 6-20　幸坂沿いの近代倉庫

ての一つであることに気付かされる。

山之上神社と変容する街並み

山之上神社は、船魂神社と好対照の環境を歩んできた。神社から幸坂《さいわい》を下った地先の埋立地が違いを強烈に主張する。江戸時代は、現在市電の走る通りが海に最も近い、海岸と平行に通る道であった。幸坂は近代に入りさらに延び、時代を追うごとに新しくなる倉庫群の建築変化が時代の層を示す（写真6-20）。

社伝によると、山之上神社は応安年間藤坊という修験者が当地に渡来、亀田赤川村神明山に草庵を結び、伊勢神宮の御分靈を奉斎したとされる。創建は古いが、移転を繰り返す。明暦元年五月、尻澤邉村（現在の住吉町）に移転遷座し、箱館神明宮と称した。近代以降、山之上神社はさらに山際に場所を移す（写真6-21）。境内の前の道が広げられ、海から真直ぐに延びる軸線上に位置する

写真 6-21　山之上神社

写真 6-22　海に延びる山之上神社の参道

（写真6―22）。市街や地先の変化と共に移転したこの神社は、近代において都市景観上重要な役割を担うようになる。近代は宗教の象徴性を都市発展に活かした時代でもある。

日本の港町が形成される基本原理には、港に向かう「坂道」とともに海岸線と平行する「地形に沿う道」がある。格子状に発達した港町といえば、江戸時代初頭に計画的に開発された酒田を思い出すが、函館の都市構造を理解する上でも重要な視点となる。

海岸線と平行する道は、都市が発展するに従い、それぞれ別の役割を担う。海に近い道から、河岸、商い、職人、居住、遊興と住み分けながら層を重ねる。そして、それらを束ねるように、神社を核とした象徴軸の坂道が貫く。この構造を明確にあらわす場所が幸坂の空間である。この坂を中心とした一帯は、変化しながら、実に巧みに都市構造の歴史的特性を継承してきた。普段あまり気付くことのない変化の仕方にこそ、これからの都市再生のあり方を問う、もう一つの貴重なメッセージが込められている。都市には空間の形を変えながらも、継承しなければならない大切なものがある。

おわりに

港町の変遷を追って、古代、中世、近世、そして近代と歴史を巡ってきた。港町は、時代の要請でさまざまに空間の「かたち」を変え、新たな都市像を提示してきた。しかしながら、戦後の都市計画と異なり、歴史的な港町は基本とする原風景を根幹にすえた空間変貌であったといえる。また、前時代の空間をベースとした上で、新たな空間がつくられてきた。そして、港町の歴史が古ければ古いほど、繁栄の時代の訪れが多ければ多いほど、歴史を空間として重層させ、厚みのある豊かな場を港町は描きだしてきた。これがこれからの都市再生、あるいは〈まち〉づくりを考える上で重要な視点となろう。

私たちは、とかく古いものを捨て去り、新しいものを受け入れたがる。古いものが何かを問わずに。ただ捨て去るにしても、一度問い返してみる価値を感じてほしい。新しいことを生みだす最も有力なベースを古いものが備えている可能性を発見できるかもしれないと、港町を研究してきて、より強く感じるようになった。「温故知新」という言葉が私のなかで意味を持ちはじめている。様々な時代の空間要素、古い場の環境を壊してしまった新しい空間の仕組み。現在というフィールドから、一つ一つ解きほぐし、剝がしていくと、失われた空間の魅力が現在に甦る。文献を読むだけでは味わえないフィールド調査の面白さと醍醐味がここにある。

本書は、一九九七年九月から始動し、一二年間にわたる港町の調査・研究の成果を類型学的な視点を加え、体系的にまとめたものである。この間、調査に訪れた港町は六〇近くになる。調査に訪れた港町では、多くの方にお世話になった。また、調査にあたり、いろいろな分野の方々から貴重な助言をいただいた。紙面の都合から、一人一人名前を明記できず残念であるが、ここにお礼申し上げたい。

五年間の法政大学大学院エコ地域デザイン研究所における調査・研究では、二〇〇四年度に門司、横浜、小樽、函館の調査を行った。二〇〇四年度の調査に参加したメンバーは、筆者の他、石渡雄士、小谷慎二郎、八木邦果、大森彩子であり、同研究所から報告書『日本の近代港町　その基層と空間形成原理の発見』(二〇〇五年五月)を発表した。二〇〇八年四月には、報告書を骨子とした『港町の近代　門司、小樽、横浜、函館を読む』(学芸出版社)を刊行した。

二〇〇五年度は、二度の調査を行った。まず、伏見、京都、菅原町を中心とした大阪、神戸、次に新潟、東岩瀬、新湊、伏木を訪れた。二〇〇五年度の調査に参加したメンバーは、筆者の他、石渡雄士、小谷慎二郎、八木邦果、瀬川久美子、高波宏如である。これらの成果は、同研究所二〇〇五年度報告書に「港町が司ってきた、「域」の空間構造の研究　水域、流域、海域の視点を取り戻すために」(二八～三五頁)として発表した。

二〇〇六年度は、塩津、大浦、海津、伊根、熊本、柳川、津屋崎を訪れた。二〇〇六年度の調査に参加したメンバーは、筆者の他、石渡雄士、八木邦果、榊俊文、中村浩二、根岸博之である。これらの成果は、同研究所二〇〇六年度報告書に「港町の都市構造と空間構成に関する研究　伊根と津屋崎」(二二～二九頁)、また報告書『水辺都市の再生に向けた地域デザインの構図 Vol. 3』(法政大学大学院エコ地域デザイン研究所、二〇〇六年十月）に「水構造に支えられた城下町における町人地の空間構造　江戸と熊本の比較」（三三一～六〇頁）として発表した。

二〇〇七年度は、三回の調査を行っている。その一回目は真鶴である。二回目は、室津、伊根、成生、田井を訪れた。三回目は東京の江東である。二〇〇七年度の調査に参加したメンバーは、筆者の他、石渡雄士、榊俊文、根岸博之、木下まりこ、佐野友彦、一原秀他である。これらの成果は、同研究所二〇〇七年度報告書に五本の研究報告をまとめた。それらは、「江東エリアにおける水回廊への展望と展開」（三五～五四頁）、「成生と田井における漁村空間の変容」（三一五～三三三頁）、「港町の都市空間の変容　海津、大浦、塩津の比較」（三三四～三四三頁）、「室津の都市空間の変容　古代と中世」（三四四～三五三頁）、「真鶴の空間の変容と原風景」（三五四～三六三頁）である。これらの報告書は、本書全体の骨子を組み立てる上で充分に活かされている。

以上の研究成果の他に五年の歳月をかけ「水のまちのアイデンティティ」というタイトルで連載を続けている。最初の連載は、雑誌『フロント』（財団法人リバーフロント整備センター発行）であった。二〇〇五年一月の「瀬戸内海」を皮切りに、二〇〇五年四月からは二年間二四回の連載をした。この連載の編集を担当していただいた山畑泰子氏には深く感謝したい。また雑誌『フロント』が休刊となった後、雑誌『アーガス・アイ』（社団法人日本建築士事務所協会連合会発行）において連載の枠を設けていただけた。『アーガス・アイ』の編集を手がける木山悳世氏には心よりお礼申し上げたい。こちらの連載も二四回を越えて、二〇〇九年十二月の「笠島」で二六回を数える。これら二つの連載五一編からは、一九本の初出原稿を加筆修正して本書に載せている。

本書の骨子は、もともと法政大学大学院エコ地域デザイン研究所から報告書として出す予定のもので、二〇〇八年暮れに一度まとめたものである。様々な事情で報告書にはならなかったが、幸いにも同研究所の陣内秀信所長から、シリーズ「水と〈まち〉の物語」の一冊として法政大学出版局から本にしないかとの誘いを受けた。報告書に、先の一九本の連載を加え、内容を大きく書き換え本書とした。出版にあたっては、法政大学出版局の秋田公士氏に編集の労をとっていただいた。秋田氏には、私が最初に出版した単著『銀座　土地と建物が語る街の歴史』（法政大学出版局、二〇〇三年十月）の編集をしていただいた。加えて、港町に関する最初の著作『水辺から都市を読む　舟運で栄えた港町』（陣内秀信・岡本哲志編著）も法政大学出版局からの出版である。

港町の研究は、やっとのことで、ここまで辿りつけたという感慨がある。だが、まだ過程に過ぎないとの思いも強い。港町研究を集大成する上での大枠の骨子がなんとかまとまり、それぞれの港町が持つポテンシャルと将来的可能性の糸口が見つかった程度である。集大成の意気込みで挑んだ本書だが、まだ先が長いようだ。ただ本書をまとめる過程において、集大成に向けての課題、研究手法の改善が見えてきたことは、大きな成果であり、今後に向けてのステップを踏めればと考えている。最後になってしまったが、本書に対し、ご指摘、ご意見をいただければ幸いである。

参考文献

Ⅰ　舟運ネットワークと近世港町

陣内秀信・岡本哲志編著『水辺から都市を読む　舟運で栄えた港町』法政大学出版局、二〇〇二年

法政大学陣内秀信研究室・岡本哲志都市建築研究所『舟運を通して都市の水の文化を探る』二〇〇〇年一月

岡本哲志、石渡雄士、小谷慎二郎、八木邦果「港町が司った「域」の空間構造の研究」『法政大学大学院エコ地域デザイン研究所二〇〇五年度報告書』法政大学大学院エコ地域デザイン研究所、二八～三五頁、二〇〇六年四月

岡本哲志「環境的歴史的視点に立った港町再生のあり方――日本の港町の変容プロセスから」『法政大学大学院エコ地域デザイン研究所二〇〇八年度報告書』同前、一四七～一五六頁、二〇〇九年二月

――「災害を乗り越えて生きる水のまち、島原」、雑誌『フロント No. 204』リバーフロント整備センター、五六～五八頁、二〇〇五年九月

――「栃木――宿場町と河岸湊の融合」、雑誌『フロント No. 205』同前、五六～五八頁、二〇〇五年一〇月

――「佐原――十字構造の都市空間の成立」、雑誌『フロント No. 206』同前、五六～五八頁、二〇〇五年一一月

――「萩――水と共生してきた城下町」、雑誌『フロント No. 214』同前、五二～五四頁、二〇〇六年七月

――「大湊――伊勢湾と勢田川の接点」、雑誌『フロント No. 216』同前、五二～五四頁、二〇〇六年九月

――「伊根――継承される風景の矜持」、雑誌『フロント No. 218』同前、五二～五四頁、二〇〇六年一一月

――「御手洗」、雑誌『Argus-eye No. 531』日本建築士事務所協会連合会、一二～一三頁、二〇〇八年一月

高橋康夫、吉田伸之、宮本雅明、伊藤毅編『図説日本都市史』東京大学出版会、一九九三年

高橋康夫、吉田伸之編『日本都市史入門・町』東京大学出版会、一九九〇年

上田篤『日本の都市は海からつくられた』中公新書、一九九六年
古田良一『河村瑞賢』吉川弘文館、一九六四年
『南島町史』南島町、一九八五年
柚木學『近世海運史の研究』法政大学出版局、一九七九年
加藤貞仁・鐙啓記『北前船　寄港地と交易の物語』無明舎出版、二〇〇二年
井本三夫編『北前の記憶』桂書房、一九九八年
三宅理一『江戸の外交都市　朝鮮通信使と町づくり』鹿島出版会、一九九〇年
日韓共通歴史教材制作チーム『朝鮮通信使　豊臣秀吉の朝鮮侵略から友好へ』明石書店、二〇〇五年
『伊勢市史』伊勢市、一九六八年
小出博『利根川と淀川』中公新書、一九七五年
丹治健蔵『関東河川水運史の研究』法政大学出版局、一九八四年

II　古代港町のかたちを求めて

岡本哲志「港町の都市構造と空間構成に関する研究　伊根と津屋崎」『法政大学大学院エコ地域デザイン研究所二〇〇六年度報告書』法政大学大学院エコ地域デザイン研究所、二二～二九頁、二〇〇七年五月
――「成生と田井における漁村空間の変容」『法政大学大学院エコ地域デザイン研究所二〇〇七年度報告書』同前、三二五～三三三頁、二〇〇八年七月
――「田井」、雑誌『Argus-eye No. 534』日本建築士事務所協会連合会、二六～二七頁、二〇〇八年四月
――「成生」、雑誌『Argus-eye No. 535』同前、二六～二七頁、二〇〇八年五月
――「笠島」、雑誌『Argus-eye No. 554』同前、二八～二九頁、二〇〇九年一二月
『伊根浦　伝統建造物群保存対策調査報告書』京都府与謝郡伊根町教育委員会、二〇〇四年
明治大学神代研究室「舟屋のある集落と祭」、『建築文化　一九六九年六月号』彰国社、一九六九年
丸亀市教育委員会編集『本島町笠島　伝統的建造物群調査報告書』丸亀市、一九七八年

山陰歴史研究会『島根県歴史散歩』山川出版社、一九八五年（七刷）
『舞鶴の民家』舞鶴市・舞鶴市教育委員会、二〇〇三年
『舟小屋　風土とかたち』ＩＮＡＸ出版、二〇〇七年
津屋崎町史編さん委員会『津屋崎町史　資料編上・下巻』津屋崎町、一九九六年
津屋崎町史編さん委員会『津屋崎町史　通史編』同前、一九九六年
津屋崎町史編さん委員会『津屋崎の民俗　第一集〜第四集』同前、一九九八年
津屋崎町教育委員会『須多田古墳群』同前、一九九六年

III　古代から中世への変化

岡本哲志、八木邦果、榊俊文「港町の都市空間の変容——海津、大浦、塩津の比較」『法政大学大学院エコ地域デザイン研究所二〇〇七年度報告書』法政大学大学院エコ地域デザイン研究所、三三四〜三四三頁、二〇〇八年七月
岡本哲志、石渡雄士、佐野友彦、一原秀「真鶴の空間の変容と原風景」『法政大学大学院エコ地域デザイン研究所二〇〇七年度報告書』同前、三五四〜三六三頁、二〇〇八年七月
岡本哲志「内海——「隠居都市」の地域構造」、雑誌『フロント No. 217』リバーフロント整備センター、五二〜五四頁、二〇〇六年一〇月
——「津屋崎——失われた港町再考」、雑誌『フロント No. 221』同前、五二〜五四頁、二〇〇七年二月
——「庵治」、雑誌『Argus-eye No. 530』日本建築士事務所協会連合会、二四〜二五頁、二〇〇七年一二月
——「真鶴」、雑誌『Argus-eye No. 536』同前、二六〜二七頁、二〇〇八年六月
——「塩津と大浦」、雑誌『Argus-eye No. 537』同前、二二〜二三頁、二〇〇八年七月
——「海津」、雑誌『Argus-eye No. 538』同前、一八〜一九頁、二〇〇八年八月
——「若松」、雑誌『Argus-eye No. 544』同前、二二〜二三頁、二〇〇九年二月
『近江伊香郡町史　上・中・下巻』名著出版、一九七二年
『マキノ町史』マキノ町、一九八六年

岩田実太郎編『庵治町史』香川県木田郡庵治町、一九七四年
『若松市史』福岡県若松市役所、一九三七年
『若松市史　第二集』同前、一九五九年
『若築建設百十年史』若築建設、二〇〇〇年
『若松恵比須神社千年史』若松恵比須神社々務所、一九八〇年
村瀬正章『近世伊勢湾海運史の研究』法政大学出版局、一九五八年
遠藤勢津夫『真鶴の歴史を探る』門土社、一九九六年
南知多町史編さん委員会『南知多町史　本文編』南知多町、一九九一年
福岡猛志『知多の歴史』松嶺社、一九九一年
『南知多内海・えびす講文書目録』日本福祉大学知多半島総合研究所、一九九一年

Ⅳ　中世から近世への変化

岡本哲志「室津の都市空間の変容――古代と中世」『法政大学大学院エコ地域デザイン研究所二〇〇七年度報告書』法政大学大学院エコ地域デザイン研究所、三四四〜三五三頁、二〇〇八年七月
――「港町への誘い　水陸両性都市の空間構造」、雑誌『フロント No. 196』リバーフロント整備センター、一四〜一八頁、二〇〇五年一月
――「九頭竜川に宿る舟運の記憶　一乗谷から福井、三国へ（前編）」、雑誌『フロント No. 199』同前、五六〜五八頁、二〇〇五年四月
――「九頭竜川に宿る舟運の記憶　一乗谷から福井、三国へ（後編）」、雑誌『フロント No. 200』同前、五六〜五八頁、二〇〇五年五月
――「鞆　江戸が生き、神話が眠る港町」、雑誌『Argus-eye No. 529』日本建築士事務所協会連合会、二四〜二五頁、二〇〇七年一一月
――「牛窓」、雑誌『Argus-eye No. 532』同前、二〇〜二一頁、二〇〇八年二月

――「室津」、雑誌『Argus-eye No. 533』同前、二六〜二七頁、二〇〇八年三月
谷沢明『瀬戸内海の町並み　港町形成の研究』未來社、一九九一年
牛窓町史編纂委員会編集『牛窓町史　資料編　美術・工芸・建築』岡山県牛窓町、一九九六年
『図説日本の町並み　8山陽編』第一法規、一九八二年
小村弌『近世日本海海運と港町の研究』国書刊行会、一九九二年
伝統的建造物群保護対策調査報告書『室津』御津町、一九八七年
室津民俗館特別展図録『室の祭礼』御津町教育委員会、一九九三年
――『室津の町並み』同前、一九九九年
――『室山の城』同前、二〇〇四年
松下正司編『埋もれた港町　草戸千軒・鞆・尾道』平凡社、一九九四年
東京大学稲垣研究室『近世の遺構を通して見る中世の居住に関する研究』新住宅普及会・住宅建築研究所、一九八五年
『三国町史』三国町、一九八三年
『三国町百年史』同前、一九八九年
『三国町の民家と町並　三国町民家調査・町並調査報告書』三国町教育委員会、一九八三年

Ⅴ　近世の港町のかたち

五六〜一七〇頁、二〇〇八年
岡本哲志・久保田雅代「日本橋の河岸空間」、陣内秀信＋東京のまち研究会『江戸東京のみかた調べかた』鹿島出版会、五一〜六一頁、一九八九年
岡本哲志「明治期おける日本橋の河岸地構造の変容に関する研究　明治初期と明治末期との比較」『水辺都市再生に向けた地域デザインの構図 Vol. 4』法政大学大学院エコ地域デザイン研究所・再生プロジェクト／地域デザインWG、一五一〜一九七頁、二〇〇七年三月
――「江戸の都市空間と環境・防災」、総合都論文誌第6号『地球環境と防災のフロンティア』日本建築学会、八三〜

八六頁、二〇〇八年
――「運河が巡る江東、歴史と文化に見る水辺空間」、『河川 No. 733』日本河川協会、三七～四一頁、二〇〇七年
――「現代都市における運河と舟運」、『季刊 河川レビュー No. 142』同前、三〇～三七頁、二〇〇八年
――「最上川舟運の中継地、大石田の原像」、雑誌『フロント No. 201』リバーフロント整備センター、五六～五八頁、二〇〇五年六月
――「最上川河口の港町、酒田の都市構造を読み解く」、雑誌『フロント No. 202』同前、五六～五八頁、二〇〇五年七月
――「水郷・柳川の「水の構図」」、雑誌『フロント No. 203』同前、五六～五八頁、二〇〇五年八月
――「下総低地からみる江戸前の原風景　水の都市・東京（前編）」、雑誌『フロント No. 207』同前、五六～五八頁、二〇〇五年一二月
――「微地形に刻まれた水脈の記憶　水の都市・東京（中編）」、雑誌『フロント No. 208』同前、五六～五八頁、二〇〇六年一月
――「水都再構築の鍵、隅田川と東京湾　水の都市・東京（後編）」、雑誌『フロント No. 209』同前、五六～五八頁、二〇〇六年二月
――「新潟――曖昧な都市像の背後」、雑誌『フロント No. 219』同前、五二～五四頁、二〇〇六年一二月
――「松江」、雑誌『Argus-eye No. 539』日本建築士事務所協会連合会、二六～二七頁、二〇〇八年九月
――「江東」、雑誌『Argus-eye No. 541』同前、一八～一九頁、二〇〇八年一一月
――「桑名」、雑誌『Argus-eye No. 546』同前、三〇～三一頁、二〇〇九年四月
――「菅原町」、雑誌『Argus-eye No. 549』同前、二〇～二一頁、二〇〇九年七月
――「亀崎」、雑誌『Argus-eye No. 552』同前、三〇～三一頁、二〇〇九年一〇月
半田市史編さん委員会編『半田市誌　地区編　亀崎地区』愛知県半田市、一九九七年
『新修　半田市誌』同前、一九八九年
高橋恒夫『最上川水運の大石田河岸の集落と職人』大石田町、一九九五年

『大石田町史　上・下巻』同前、一九八五年・一九九三年
酒田市史編さん委員会編『酒田市史　改訂版　上・下巻』酒田市、一九八七年・一九九五年
――『酒田市史　資料編・海運編』同前、一九六三年
『新潟市史　通史編1～通史編5』新潟市、一九九七年
中岡義介「淀川と大阪」、上田篤＋世界都市研究会編『水網都市　リバー・ウォッチングのすすめ』学芸出版社、一九八七年
大阪都市住宅史編集委員会編『まちに住まう　大阪都市住宅史』平凡社、一九八九年
太陽コレクション城下町古地図散歩4『大阪・近畿[1]の城下町』同前、一九九六年
『伝統的文化都市環境保全地区整備事業計画（柳川市）』福岡県・柳川市、一九七九年・鈴木理生『江戸の川東京の川』井上書院、一九八九年
内藤昌『江戸と江戸城』鹿島出版会、一九六六年
深川区史編纂会『深川情緒の研究』有峰書店、一九七五年
『低地の河川　事業概要』東京都建設局河川部計画課、二〇〇一年
『江東内部水位低下河川整備計画』東京都建設局河川部、一九九九年
『江東区史　上・中・下巻』江東区、一九九七年三月
『東京市内外河川航通調査報告書』東京市役所、一九二一年

VI　近代港町の変容プロセス

岡本哲志＋日本の港町研究会著『港町の近代　門司・小樽・横浜・函館を読む』学芸出版社、二〇〇八年
岡本哲志「日本の近代港町の基層と空間形成原理の発見」『法政大学大学院エコ地域デザイン研究所二〇〇四年度報告書』法政大学大学院エコ地域デザイン研究所、五二～六一頁、二〇〇五年四月
日本の港町研究会（代表・岡本哲志）編『日本の近代港町　その基層と空間形成原理の発見』同前、二〇〇五年五月
岡本哲志「横浜――近代港町に潜むシンメトリーな原風景」、雑誌『フロント No. 210』リバーフロント整備センター、

五六～五八頁、二〇〇六年三月
――「函館――近代港町の基層を読み解く」、雑誌『フロント No. 211』同前、五二～五四頁、二〇〇六年四月
――「小樽――都市発展の軌跡から見えるもの」、雑誌『フロント No. 212』同前、五二～五四頁、二〇〇六年五月
――「レトロな港町・門司の都市形成の履歴」、雑誌『フロント No. 213』同前、五二～五四頁、二〇〇六年六月
――「港町神戸の懐に息づく歴史」、雑誌『フロント No. 220』同前、五二～五四頁、二〇〇七年一月
『新修神戸市史　歴史編1～歴史編4』神戸市、一九九〇年
高野江基太郎『門司港誌　全』一八九七年（一九七三年名著出版復刻版）
『門司市史』門司市役所、一九三五年
『門司市史　第二集』同前、一九三五年
『写真で見る門司100年の歩み――門司百年』北九州市門司区役所、一九九九年
小樽市『小樽市史』国書刊行会、一九八一年
日本ナショナルトラスト『小樽運河と石造倉庫群』観光資源保護財団、一九七九年
横浜市総務局市史編集室編『横浜市史Ⅱ』横浜市、二〇〇三年
横浜市企画調整局編『港町・横浜の都市形成史』同前、一九八一年
『函館市史　通説編第1～5巻、都市文化編』函館市、一九八五年

初出一覧

II　古代港町のかたちを求めて

高い技術と独特の景観――笠島（岡本哲志「笠島」、雑誌『Argus-eye No. 554』日本建築士事務所協会連合会、二八～二九頁、二〇〇九年一二月）

III　古代から中世への変化

入江に成立する寺院と港町――海津（岡本哲志「海津」、雑誌『Argus-eye No. 538』日本建築士事務所協会連合会、一八～一九頁、二〇〇八年八月）

工業地帯に宿る中世の原型――若松（岡本哲志「若松」、雑誌『Argus-eye No. 544』同前、二二～二三頁、二〇〇九年二月）

凹に潜むラビリンス空間――真鶴（岡本哲志「真鶴」、雑誌『Argus-eye No. 536』同前、二六～二七頁、二〇〇八年六月）

「隠居都市」としての中世的空間――内海（岡本哲志「内海――「隠居都市」の地域構造」、雑誌『フロント No. 217』リバーフロント整備センター、五二～五四頁、二〇〇六年一月）

IV　中世から近世への変化

前島に守られた港町――牛窓（岡本哲志「牛窓」、雑誌『Argus-eye No. 532』日本建築士事務所協会連合会、二〇～二一頁、二〇〇八年二月）

分業化する漁村と港町――室津（岡本哲志「室津」、雑誌『Argus-eye No. 533』同前、二六～二七頁、二〇〇八年三月）
新たな港町の基盤づくり――鞆（岡本哲志「鞆　江戸が生き、神話が眠る港町」、雑誌『Argus-eye No. 529』同前、二四～二五頁、二〇〇七年一一月）

V　近世の港町のかたち
丘陵下に展開する短冊状の町並み――亀崎（岡本哲志「亀崎」、雑誌『Argus-eye No. 552』日本建築士事務所協会連合会、三〇～三一頁、二〇〇九年一〇月）
近世都市計画の試み――酒田（岡本哲志「最上川河口の港町、酒田の都市構造を読み解く」、雑誌『フロント No. 202』リバーフロント整備センター、五六～五八頁、二〇〇五年七月）
城下町に内在する港町の多面性――大坂（岡本哲志「菅原町」、雑誌『Argus-eye No. 549』日本建築士事務所協会連合会、二〇～二一頁、二〇〇九年七月）
要塞としての水郷都市――柳川（岡本哲志「水郷・柳川の「水の構図」」、雑誌『フロント No. 203』リバーフロント整備センター、五六～五八頁、二〇〇五年八月）
交易都市に主眼を置く城下町――桑名（岡本哲志「桑名」、雑誌『Argus-eye No. 546』日本建築士事務所協会連合会、三〇～三一頁、二〇〇九年四月）
自然と織り成す水の都――松江（岡本哲志「松江」、雑誌『Argus-eye No. 539』同前、二六～二七頁、二〇〇八年九月）

VI　近代港町の変容プロセス
歴史を辿る発展プロセス――門司（岡本哲志「レトロな港町・門司の都市形成の履歴」、雑誌『フロント No. 213』リバーフロント整備センター、五二～五四頁、二〇〇六年六月）
パッチワーク都市――小樽（岡本哲志「小樽――都市発展の軌跡から見えるもの」、雑誌『フロント No. 212』同前、

五二～五四頁、二〇〇六年五月）
神話が同居する近代――神戸（岡本哲志「港町神戸の懐に息づく歴史」、雑誌『フロント No. 220』同前、五二～五四頁、二〇〇七年一月）
江戸時代を読み込んだ近代発展――横浜（岡本哲志「横浜――近代港町に潜むシンメトリーな原風景」、雑誌『フロント No. 210』同前、五六～五八頁、二〇〇六年三月）
多層なレイヤーが描く都市像――函館（岡本哲志「函館――近代港町の基層を読み解く」、雑誌『フロント No. 211』同前、五二～五四頁、二〇〇六年四月）

著者略歴

岡本哲志（おかもと さとし）
1952年東京都中野区生まれ.
法政大学工学部建築学科卒業.
法政大学サステイナビリティ研究教育機構リサーチ・アドミニストレーターA, 博士（工学）, 法政大学大学院エコ地域デザイン研究所兼担研究員, 岡本哲志都市建築研究所代表.
国内外の都市と水辺空間の調査・研究に長年携わる. 港町の本格的な調査・研究は, 1997年から行い, すでに国内の60近くの港町を調査してきた.
日本の港町研究会代表, 日本建築学会会員, 日本都市計画学会会員. 専門は都市形成史, 都市論.

近年の主著
＊単著
『「丸の内」の歴史　丸の内スタイルの誕生とその変遷』ランダムハウス講談社, 2009年 9 月
『銀座を歩く　江戸とモダンの歴史体験』学芸出版社, 2009年 3 月
『銀座四百年　都市空間の歴史』講談社選書メチエ, 2006年12月
『江戸東京の路地　身体感覚で探る場の魅力』学芸出版社, 2006年 8 月
『銀座　土地と建物が語る街の歴史』法政大学出版局, 2003年10月
＊編著・監修
『まち路地再生のデザイン　路地に学ぶ生活空間の再生術』彰国社, 2010年 1 月
『一丁倫敦と丸の内スタイル　三菱一号館からはじまる丸の内の歴史と文化』求龍堂, 2009年 9 月
『港町の近代　門司・小樽・横浜・函館』学芸出版社, 2008年 4 月
『水辺から都市を読む　舟運で栄えた港町』法政大学出版局, 2002年 7 月

港町のかたち――その形成と変容

2010年2月4日　初版第1刷発行

著　者　岡本哲志 © Satoshi OKAMOTO

発行所　財団法人 法政大学出版局

〒102-0073 東京都千代田区九段北3-2-7

電話03（5214）5540／振替00160-6-95814

組版：HUP，印刷：平文社，製本：誠製本

ISBN978-4-588-78001-1

Printed in Japan